U0395702

格致方法·定量研究系列　吴晓刚　主编

对数线性模型的
关联图和多重图

[美] 哈里·J.哈米斯（Harry J. Khamis）　著

王彦蓉　译　曾东林　校

SAGE Publications, Inc.

格致出版社　上海人民出版社

出版说明

由香港科技大学社会科学部吴晓刚教授主编的"格致方法·定量研究系列"丛书，精选了世界著名的 SAGE 出版社定量社会科学研究丛书，翻译成中文，起初集结成八册，于 2011 年出版。这套丛书自出版以来，受到广大读者特别是年轻一代社会科学工作者的热烈欢迎。为了给广大读者提供更多的方便和选择，该丛书经过修订和校正，于 2012 年以单行本的形式再次出版发行，共 37 本。我们衷心感谢广大读者的支持和建议。

随着与 SAGE 出版社合作的进一步深化，我们又从丛书中精选了三十多个品种，译成中文，以飨读者。丛书新增品种涵盖了更多的定量研究方法。我们希望本丛书单行本的继续出版能为推动国内社会科学定量研究的教学和研究作出一点贡献。

总 序

　　2003 年，我赴港工作，在香港科技大学社会科学部教授研究生的两门核心定量方法课程。香港科技大学社会科学部自创建以来，非常重视社会科学研究方法论的训练。我开设的第一门课"社会科学里的统计学"（Statistics for Social Science）为所有研究型硕士生和博士生的必修课，而第二门课"社会科学中的定量分析"为博士生的必修课（事实上，大部分硕士生在修完第一门课后都会继续选修第二门课）。我在讲授这两门课的时候，根据社会科学研究生的数理基础比较薄弱的特点，尽量避免复杂的数学公式推导，而用具体的例子，结合语言和图形，帮助学生理解统计的基本概念和模型。课程的重点放在如何应用定量分析模型研究社会实际问题上，即社会研究者主要为定量统计方法的"消费者"而非"生产者"。作为"消费者"，学完这些课程后，我们一方面能够读懂、欣赏和评价别人在同行评议的刊物上发表的定量研究的文章；另一方面，也能在自己的研究中运用这些成熟的方法论技术。

　　上述两门课的内容，尽管在线性回归模型的内容上有少量重复,但各有侧重。"社会科学里的统计学"从介绍最基本的社会研究方法论和统计学原理开始,到多元线性回归模型结束,内容涵盖了描述性统计的基本方法、统计推论的原理、假设检验、列联表分析、方差和协方差分析、简单线性回归模型、多元线性回归模型,以及线性回归模型的假设和模型诊断。"社会科学中的定量分析"则介绍在经典线性回归模型的假设不成立的情况下的一些模型和方法,将重点放在因变量为定类数据的分析模型上,包括两分类的 logistic 回归模型、多分类 logistic 回归模型、定序 logistic 回归模型、条件 logistic 回归模型、多维列联表的对数线性和对数乘积模型、有关删节数据的模型、纵贯数据的分析模型,包括追踪研究和事件史的分析方法。这些模型在社会科学研究中有着更加广泛的应用。

修读过这些课程的香港科技大学的研究生,一直鼓励和支持我将两门课的讲稿结集出版,并帮助我将原来的英文课程讲稿译成了中文。但是,由于种种原因,这两本书拖了多年还没有完成。世界著名的出版社 SAGE 的"定量社会科学研究"丛书闻名遐迩,每本书都写得通俗易懂,与我的教学理念是相通的。当格致出版社向我提出从这套丛书中精选一批翻译,以飨中文读者时,我非常支持这个想法,因为这从某种程度上弥补了我的教科书未能出版的遗憾。

翻译是一件吃力不讨好的事。不但要有对中英文两种语言的精准把握能力,还要有对实质内容有较深的理解能力,而这套丛书涵盖的又恰恰是社会科学中技术性非常强的内容,只有语言能力是远远不能胜任的。在短短的一年时间里,我们组织了来自中国内地及香港、台湾地区的二十几位研究生参与了这项工程,他们当时大部分是香港科技大学的硕士和博士研究生,受过严格的社会科学统计方法的训练,也有来自美国等地对定量研究感兴趣的博士研究生。他们是香港科技大学社会科学部博士研究生蒋勤、李骏、盛智明、叶华、张卓妮、郑冰岛,硕士研究生贺光烨、李兰、林毓玲、肖东亮、辛济云、於嘉、余珊珊,应用社会经济研究中心研究员李俊秀;香港大学教育学院博士研究生洪岩璧;北京大学社会学系博士研究生李丁、赵亮员;中国人民大学人口学系讲师巫锡炜;中国台湾"中央"研究院社会学所助理研究员林宗弘;南京师范大学心理学系副教授陈陈;美国北卡罗来纳大学教堂山分校社会学系博士候选人姜念涛;美国加州大学洛杉矶分校社会学系博士研究生宋曦;哈佛大学社会学系博士研究生郭茂灿和周韵。

　　参与这项工作的许多译者目前都已经毕业,大多成为中国内地以及香港、台湾等地区高校和研究机构定量社会科学方法教学和研究的骨干。不少译者反映,翻译工作本身也是他们学习相关定量方法的有效途径。鉴于此,当格致出版社和 SAGE 出版社决定在"格致方法·定量研究系列"丛书中推出另外一批新品种时,香港科技大学社会科学部的研究生仍然是主要力量。特别值得一提的是,香港科技大学应用社会经济研究中心与上海大学社会学院自 2012 年夏季开始,在上海(夏季)和广州南沙(冬季)联合举办"应用社会科学研究方法研修班",至今已经成功举办三届。研修课程设计体现"化整为零、循序渐进、中文教学、学以致用"的方针,吸引了一大批有志于从事定量社会科学研究的博士生和青年学者。他们中的不少人也参与了翻译和校对的工作。他们在繁忙的学习和研究之余,历经近两年的时间,完成了三十多本新书的翻译任务,使得"格致方法·定量研究系列"丛书更加丰富和完善。他们是:东南大学社会学系副教授洪岩璧,香港科技大学社会科学部博士研究生贺光烨、李忠路、王佳、王彦蓉、许多多,硕士研究生范新光、缪佳、武玲蔚、臧晓露、曾东林,原硕士研究生李兰,密歇根大学社会学系博士研究生王骁,纽约大学社会学系博士研究生温芳琪,牛津大学社会学系研究生周穆之,上海大学社会学院博士研究生陈伟等。

　　陈伟、范新光、贺光烨、洪岩璧、李忠路、缪佳、王佳、武玲蔚、许多多、曾东林、周穆之,以及香港科技大学社会科学部硕士研究生陈佳莹,上海大学社会学院硕士研究生梁海祥还协助主编做了大量的审校工作。格致出版社编辑高璇不遗余力地推动本丛书的继续出版,并且在这个过程中表现出极大的耐心和高度的专业精神。对他们付出的劳动,我在此致以诚挚的谢意。当然,每本书因本身内容和译者的行文风格有所差异,校对未免挂一漏万,术语的标准译法方面还有很大的改进空间。我们欢迎广大读者提出建设性的批评和建议,以便再版时修订。

　　我们希望本丛书的持续出版,能为进一步提升国内社会科学定量教学和研究水平作出一点贡献。

吴晓刚

于香港九龙清水湾

目 录

序

对数线性模型（LLM）在利奥·古德曼（Leo Goodman）等人的努力下，于20世纪60年代末期至70年代初得以发展并流行，而毕晓普（Bishop）、费恩伯格（Fienberg）和霍兰（Holland）于1975年写的《离散多元分析》一书堪称该模型发展和推广中的一个里程碑，它对多向列联表（multi-way contingency tables）的分析产生了革命性的作用。包括LLM在内的分类数据分析的课程目前是社会科学专业研究生教育的一个重要内容。哈里·哈米斯（Harry Khamis）的专著《对数线性模型的关联图和多重图》展示了如何动用数学资源中的图论来理解复杂LLM表明的关联结构。

哈米斯回顾了二向与多向列联表的关系模式，以及这些表的LLM。在介绍了图论中的一些关键概念之后，他紧接着将这些思想应用到LLM的两个图形典型中：关联图和生成多重图。在更为直观并且广为人知的关联表中，顶点（点）代表列联表中的变量，边（线）对应于模型中的关联项。相反，在多重图中，顶点代表一个分级LLM中的高阶关联项（生成因子），边对应由成对生成因子共享的变量。

　　利用经过精挑细选的丰富示例以及清晰的解释,哈米斯展示了 LLM 的这两个图形典型如何说明模型的结构,揭示了它们的一些特征,如条件性独立(比如说,变量 A 和变量 B 在变量 C 的分类中是独立的),可分解性(比如说,模型中的 A、B 和 C 联合单元格的概率是 AB 边际概率和 C 边际概率的乘积),以及可压缩性(比如说,A 和 B 的边际关联与 A 和 B 在 C 的分类中的关联是一致的)。总的来讲,这一专著中描述的图论有助于构想和解释多向列表中的复杂 LLM。对于想要深入理解 LLM 结构的学生和在研究中应用这些模型的研究者,这一专著都是有价值的。

　　编辑注:这一专著是在前一任丛书编辑廖福挺的指导下开始着手的。

约翰・福克斯

第 **1** 章

介 绍

对连续结果变量的复杂统计方法研究始于 19 世纪 80 年代弗朗西斯·高尔顿（Francis Galton），以及其后费舍尔（R. A. Fisher）和卡尔·皮尔逊（Karl Pearson）等人的著作，然而直到 20 世纪 60 年代，分类响应模型才有重大突破，即便卡尔·皮尔逊和尤尔（G. Udny Yule）早在 1900 年就已经发表了极有影响力的文章。在过去的 50 年间，处理分类响应模型的方法激增。关于分析多维列联表的方法，我们可以列一个简要的历史性大纲，包括如下内容：

● 尤尔在 20 世纪早期将比值比作为属性间关联的一个关键测度；60 多年后，比值比已经成为对数线性模型（loglinear models，LLMs）的基石（参考第 3 章对 LLM 的回顾）。

● M. S. Bartlett（1935）首次论述了对三向列联表的分析，包括一阶和二阶的交互效应分析。

● 自 20 世纪 60 年代以来，关于多向列联表的 LLM 研究开始兴盛。M. W. Birch（1963）解决了三维列联表 LLM 最大似然估计的问题。Grizzle、Starmer & Koch（1969）展示了分类数据模型的加权最小二乘法。Bishop, Fienberg & Holland（1975）写了第一本多向列联表分析的权威教材。从此以后，很多教材开始分析分类响应模型。例如 C. C.

Clogg, D. R. Cox, J. N. Darroch, I. J. Good, L. A. Good-man, S. J. Haberman, P. E. Lazarsfeld, R. L. Plackett, N. Wermuth 和其他很多人对分类数据的研究也做出了广泛贡献。

● Darroch, Lauritzen & Speed(1980)的文章具有里程碑的意义,它介绍了用数学的图形来展示 LLMs 并用其属性分析和解释列联表的数据。自从 1980 年以来,研究人员,如 D. R. Cox, D. Edwards, S. L. Lauritzen 和 N. Wermuth,对所谓的一阶交互图,也被 Agresti(2002)叫做关联图,做了大量的工作。数学的图论和 LLM 理论的联姻为分析和解释分类变量间复杂的结构性关系提供了革命性的方法。Edwards (1995)和 Lauritzen(1996)提供了这一方法的两本好书。

在心理学、社会学、政治科学、教育学和其他研究领域的两大发展要求更加完善的工具来分析和解释庞大复杂的 LLM。

1. 首先,数据搜集和数据录入技术在近几年使研究者得以获得非常大的数据,尤其得益于功能强大的计算机和电子扫描仪器。在包含分类变量的研究中,这导致了大样本量的庞大多向列联表。事实上,研究者只要通过互联网就可以获得大量的数据。很多数据由国家机关提供并公开使用。一个很好的例子是瑞典统计局(Statistics Sweden),他们可以提供以研究为导向的数据(参看 www.scb.se)。又如美国劳工统计局(http://bls.gov/nls/nlsy79.htm)也是如此。

2. 第二,在列联中"稀疏"的概念已经发生了变化。在早年的列联表分析中,统计学家建议只有在每个单元格的期望频数不小于 5 的情况下才能使用卡方分析(Fisher,1925)。

但是,有证据证明这些分析对更加稀疏的表格表现良好。比如,Cocharn(1954)表明,在所有单元格的期望频数至少是 1 并且不超过 20％的单元格的期望频数小于 5 的情况下,卡方分析依然有效。之后,Rosco & Byars(1971)的实证分析提供了额外的一些有用的指导原则。他们建议在检验 0.05 显著度时,每一个单元格的平均期望频数至少是 6。如果要用条件检验,更大程度上的稀疏表格都是允许的(参看 Whittaker,1990,第 9 章)。Wickens(1989:30)引证了几个作者,建议在检验一个模型的拟合优度时,总体的样本量应该至少是多向表中单元格数量的 4 到 5 倍。Lawal & Upton(1984)讨论到修正的卡方检验可以允许方格频数的平均值小至 0.5。

这两个方面的发展拓宽了列联表分析方法的应用,研究者可以把数量更多的变量纳入模型中。由于在给定分析中包括所有潜在干扰变量从而调节它们的效应非常重要,所以这一点对实际操作尤其有用。

因此,即使方格频数平均期望值极低,通过有效使用皮尔逊卡方或似然比卡方统计,LLM 仍然可以适应庞大复杂的多向列联表。一旦确定了最佳拟合的 LLM,我们希望分析并解析它,根据所选模型有效确定数据对变量的解释。由于一个庞大的多向列联表中所有因子之间的结构关系非常复杂,尤其是对于那些处理 LLM 不太熟练的人,于是研究人员努力研究更好的方法和技巧来分析和解析这类表格的 LLM。在这方面,一阶交互图非常有用。最近,有学者介绍了另外一种对 LLM 的图形描述,叫做生成多重图,简称多重图(McKee & Khamis,1996;参看 Khamis,1996,2005)。

一般来讲,用 LLM 分析一组分类变量之间的关系要分

两步:

1. 确定对数据拟合"最好"的模型;

2. 分析并解析最佳拟合模型的结果。

这两步中的第一步,确定无疑不是一件容易的工作,但是,有大量的文献用于引介模型拟合的程序和方法,包括传统的 LLM—拟合过程以及更专业的程序,如条件检验、靴攀法、贝叶斯法,等等。对于给定的列联表寻找最佳拟合的 LLM,可以使用统计方法和软件,如分段法(Goodman, 1971a)以及两段法(Benedetti & Brown, 1978; Brown, 1976)。也可参看 Agresti(2002,第 9 章)、Wickens(1989,第 5章)和 Lawal(2003,第 7 章)。这本书没有涵盖寻找最佳拟合的 LLM 的过程。但是,读者可以参看前面引用的相关文献。这本书中的每个例子,对于给定数据都会提供最佳拟合的 LLM(或者至少有一个拟合不错的 LLM),偶尔会有一些讨论。

这本书关心的是两步中的后一步。在获得最佳拟合的 LLM 之后,关键是要准确详实地进行分析和解释。在这本书里,"分析"一个给定的 LLM 是指寻找模型的重要特性; "解释"一个给定的 LLM 是指确定变量之间的所有关系并将这些关系转化为关于数据的结论。用数学图论的工具使得在这方面的总体统计分析可靠、系统、全面、简洁。第一个图形程序,也就是关联图,已经囊括于很多标准的分类数据教科书之中(比如,Agresti, 2002; Andersen, 1997; Wickens, 1989)。第二个图形程序,也就是多重图,相对较新,在教科书中还没有介绍。

我们假定读者已经熟悉了 LLM 的应用,熟知来自标准抽样设计产生的多向列联表中的数据（参看第 3 章第 4 节"抽样设计"部分），以及选择最佳拟合 LLM 的过程。这本书专注于对最佳拟合 LLM 结果的分析和解析，用来自心理学、政治学和社会学的大量实例进行解释说明。这本书中展现了许多现实生活中的例子，数据来源是莱特州立大学统计咨询中心的研究项目（已取得客户端许可）。

这本书作为入门指南，着重点是对最佳拟合 LLM 的关联图和多重图的实际应用，从而对其进行全面可靠的分析和解释。建议读者阅读本书提到的理论文献，包括定理、证明、推导以及计算方法。掌握了这本书的内容，读者将能够解释一个非常复杂的 LLM，通过：

1. 确定模型的重要属性，从而加深对模型的理解；

2. 以清晰易懂的方式解释因子之间的关系；

3. 确立方法来简化列联表（如，使用压缩条件）。

最后，这些目标可以很容易地通过关联图和/或多重图来实现。在寻找最佳拟合模型时需要计算机软件和可能很复杂的模型选择策略和技术，但是一旦找到了最佳拟合模型，就可以用图形来分析和解释，而不需要任何的软件、复杂的推导或者繁重的计算。

对于大多数包含四个变量的 LLMs（或者有可能是五个变量，取决于模型的复杂程度），变量间的关系可以简单地通过仔细查看 LLM 本身或者生成类来确定（参看第 3 章）。但是，对于更复杂的 LLM，整理包含在模型中的所有信息会非常有挑战性，对资深的 LLM 分析人员也不例外。这本书中的程序对那些基于庞大多元列联表的复杂 LLM 尤其有帮助。

先看一个启发性的例子,考虑编码为 0, 1, 2, …, 9 的 10 个分类变量。目的是了解这 10 个变量之间的关系。假设 10 维列联表的最佳拟合 LLM 生成的类(也叫最小充分构形)是[67][013][125][178][1347][1457][1479]。哪些因子间是相互独立的? 哪些因子间是条件性独立的? 你可以保证确认了所有独立性和条件独立性吗? 哪些因子可以被分解而不改变其他因子之间的关系? 你可以保证在分解之后所有的关系都保持不变吗? 这个模型的重要属性是什么? 即使对于 LLM 专家来讲,仅仅依靠生成类也是很难详细可靠地回答这些问题的。这本书中展现的程序可以让研究者不借助统计软件或繁重的计算,以一种清晰、全面、系统、循序渐进的方式详尽可靠地回答这些问题。因此,研究者可以清楚地了解因子之间的关联,更重要的是,知道如何准确详实地解释数据。这一 10 个变量的模型将会在接下来的章节中作为示例加以分析。

这本书的结构如下:第 2 章定义并讨论关联的结构,LLM 及其属性会在第 3 章进行回顾,在第 4 和第 5 章展示和讨论关联图,第 6 和第 7 章介绍并讨论多重图,第 8 章是结论和附加的解释实例。

第 **2** 章

关联结构

在这本书中,关联结构或者结构关联是指在一个多向列联表中因子间的独立性和条件独立性(以及它们的缺失)。分析列联表数据的最重要目标就是准确详实地确定分类变量间的结构关联。当只有两个分类变量时,这两个变量之间关联的统计显著度可以用著名的卡方检验来评估。当涉及三个或更多的变量时,这一任务变得更加复杂。这一章我们要讨论二向和三维列联表中的关联结构,并使用比值比作为关联的主要测量。

第 1 节 ｜ **离散变量的统计独立**

对于分类数据，关联的测量被用来量化两个变量之间关系的度。一个二向的列联表，有 I 行 J 列，分别对应两个因子 X 和 Y。这两个离散变量，X 和 Y，统计独立的条件是联合概率可以分解成边际概率的乘积，用符号表示：

$$\pi_{ij} = \pi_{i+}\pi_{+j}, \ i = 1, 2, \cdots, I \ 并且 \ j = 1, 2, \cdots, J$$

$$[2.1]$$

公式中，π_{ij} 是对象落在 X 第 i 层和 Y 第 j 层的概率，π_{i+} 是对象落在 X 第 i 层的边际概率，π_{+j} 是对象落在 Y 第 j 层的边际概率。用 Goodman(1970) 的记法，我们用 $[X \otimes Y]$ 表示 X 和 Y 之间的统计独立：

$[X \otimes Y]$，当且仅当 X 和 Y 是统计独立的。

π_{ij} 偏离 $\pi_{i+}\pi_{+j}$ 的程度，就意味着这两个因子统计上依赖或者相关。分类变量关联的测量有很多种，取决于变量的测量水平，一个变量是不是另一变量的前项，等等。可以参考 Goodman & Kruskal(1979) 或者 Khamis(2004) 对于这些测量的回顾。

第 2 节 ▎ 比值比：二向表

用对数线性模型(LLM)时,选择用比值比(定义如下)作为关联测量,因为 LLM 参数是比值比的函数。因此,在这一章的剩余部分,我们将仅讨论比值比作为关联的主要测量。

对于 2×2 列联表,若给定对象在第一行,那么它在第一列而不是在第二列的比值是 π_{11}/π_{12},并且给定对象在第二行,那么它在第一列而不是在第二列的比值是 π_{21}/π_{22}。(在此语境下,"对象"是指被测量和交叉分类的事物;在其他语境下,它可以是一个病人、一只老鼠、一间学校,等等)。那么比值比,用 α 表示,就是两个比值的比例:

$$\alpha = \frac{\pi_{11}/\pi_{12}}{\pi_{21}/\pi_{22}}, \text{ 或者简化为 } \alpha = \frac{\pi_{11}\pi_{22}}{\pi_{12}\pi_{21}} \qquad [2.2]$$

当对象在第一列而不是在第二列的比值在两行相等时,那么 $\alpha=1$;这种情况发生在 X 和 Y 是统计独立的情况下。另外,可以在公式 2.2 中用 $\pi_{i+}\pi_{+j}$ 代替 π_{ij}(参看公式 2.1)来证明当 X 和 Y 独立时,$\alpha=1$。α 的最大似然估计是 $\hat{\alpha}=n_{11}n_{22}/n_{12}n_{21}$,这里 n_{ij} 是第 i 行第 j 列观测到的方格频数,$i=1,2$,并且 $j=1,2$。

比值比的值域是 $[0,\infty)$,当两个变量 X 和 Y 独立时,取值为 1.0。由于估计的比值比的自然对数(log)有优越的统计属性,因此经常用于分类数据的分析当中。(注意:log(0)被当作 $-\infty$。)那么,统计独立对应于 $\log(\alpha)=0$。用符号表示,我们可以写为:

$$[X \otimes Y],当且仅当 \log(\alpha)=0。$$

对于样本量足够大的标准抽样设计(参看第 3 章第 4 节"抽样设计"部分),$\log(\hat{\alpha})$ 呈渐进正态分布,其标准误估计值是:

$$\hat{\sigma}_{\log(\hat{\alpha})}=\sqrt{\frac{1}{n_{11}}+\frac{1}{n_{12}}+\frac{1}{n_{21}}+\frac{1}{n_{22}}}$$

例 2.2.1 表 2.1 中展示的数据是 1992 年由莱特州立大学布恩邵夫特医学院和俄亥俄州代顿市联合健康服务中心共同进行的一个调查。在这一调查中,问到 2 102 个非城市的高加索高三学生是否曾经吸烟。我们的兴趣是看吸烟和性别在这个总体中是否有关联。

表 2.1   基于吸烟和性别的 2 102 名非城市高加索高三学生的交叉分类

性 别	吸烟	
	是	否
男	699	363
女	691	349

注:参看例 2.2.1。
资料来源:莱特州立大学布恩邵夫特医学院和俄亥俄州代顿市联合健康服务中心 1992 年调查。数据由拉塞尔·福尔克(Russell Falk)博士友情提供。

对于这些数据,$\alpha=\dfrac{(699)(349)}{(691)(363)}=0.972\,6$,$\log(\hat{\alpha})=-0.027\,8$,并且 $\hat{\sigma}_{\log(\hat{\alpha})}=0.092\,2$。

男性抽烟的估计比值比女性低 2.74%（$1.925\ 6$ 与 $1.979\ 9$ 相比）。也就是说，抽烟与不抽烟的比值，女性是男性的 $1.028\ 2$ 倍。$\log(\alpha)$ 95% 的置信区间为 $-0.027\ 8 \pm (1.96)$ $(0.092\ 2)$，即 $[-0.208\ 5, 0.152\ 9]$。要得到 α 的 95% 置信区间，通过简单的取幂，得出 $[0.812, 1.165]$。因为区间中包含值 1.0，我们的数据没有足够的证据得出性别与抽烟有关联的结论。

对于 $I \times J$ 列联表，X 和 Y 之间的关联测量包括一组 $(I-1)(J-1)$ 的比值比：$\alpha_{ij} = \pi_{ij}\pi_{IJ}/\pi_{Ij}\pi_{iJ}$，$i = 1, 2, \cdots,$ $I-1$ 并且 $j = 1, 2, \cdots, J-1$。注意，(I, J) 单元格是这组数值中每个 α_{ij} 的"固定点"。这样一组比值比不是独一无二的；测量 X 和 Y 之间的关联还有 $(I-1)(J-1)$ 比值比的其他选择（参看 Agresti, 2002, 第 2.4 节）。正如上面 2×2 的例子，可以用 n_{ij} 代替 π_{ij} 以取得最大似然估计 $\hat{\alpha}_{ij}$。为了进一步说明，考虑如下单元格概率为 π_{ij} 的 2×3 列联表：

		Y		
		1	2	3
X	1	π_{11}	π_{12}	π_{13}
	2	π_{21}	π_{22}	π_{23}

X 和 Y 之间的关联由两个比值比来测量：$\pi_{11}\pi_{23}/\pi_{21}\pi_{13}$ 和 $\pi_{12}\pi_{23}/\pi_{22}\pi_{13}$。那么，当且仅当两个比值比都等于 1 时，$X$ 和 Y 独立。也就是，$\pi_{ij} = \pi_{i+}\pi_{+j}$，$i = 1, 2$ 并且 $j = 1, 2, 3$，当且仅当 $i = 1$ 并且 $j = 1, 2$，$\pi_{ij}\pi_{IJ}/\pi_{Ij}\pi_{iJ} = 1$。对于

$$H_0 : \left[\frac{\pi_{11}\pi_{23}}{\pi_{21}\pi_{13}}, \frac{\pi_{12}\pi_{23}}{\pi_{22}\pi_{13}} \right] = [1, 1]$$

可以用标准的卡方检验进行独立性检验。

关于比值比的更多讨论，可以参看 Agresti（2002）、Rudas（1998），以及 Fleiss，Levin & Paik（2003）。

第3节 │ 比值比：三维列表

考虑三个分类变量，X（行变量）、Y（列变量）和 Z（层变量）。要评估这三个变量之间的结构关联，似乎只需要用一组简单的卡方检验来两两检验：X 对 Y，X 对 Z，Y 对 Z。但是，这并不是最好的方法，因为（a）它忽略了第一类错误率会因多次检验而膨胀，（b）没有考虑到变量间的交互效应，（c）没有充分利用数据。

处理两个分类变量时，只有两种结构关联模型要处理：（1）X 和 Y 是相互独立的，或者（2）X 和 Y 是相互依赖的。对于三个分类变量，有五种可能的结构关联模型。以下部分会作逐一介绍。

相互独立

三个变量全都是相互独立的。用 Goodman（1970）的记法，我们写成 $[X \otimes Y \otimes Z]$。用概率记法的拓展（参看公式2.1），我们可以有 $\pi_{ijk} = \pi_{i++}\pi_{+j+}\pi_{++k}$，$i = 1, 2, \cdots, I$；$j = 1, 2, \cdots, J$；并且 $k = 1, 2, \cdots, K$。

在这一记法中，π_{ijk} 代表对象落在第 i 行（X），第 j 列（Y），和第 k 层（Z）的概率。π_{i++} 代表通过分解（或者增加）Y

和 Z 的层级,得到对应的 X 层级的概率:$\pi_{i++} = \sum_{j,\,k} \pi_{ijk}$。这叫做 X-边际表(类似于 π_{+j+}[Y-边际表]和 π_{++k}[Z-边际表])。在相互独立的情况下,任意两个变量间的一个比值比(或者一组比值比)等于 1.0:$\alpha_{XY} = \alpha_{XZ} = \alpha_{YZ} = 1.0$。对于 $I > 2$ 和/或 $J > 2$ 和/或 $K > 2$,记法可以放宽,比如,α_{XY} 代表一组 $(I-1)(J-1)$ 的比值比,α_{XZ} 和 α_{YZ} 也是同理。

联合独立

三个变量中的一个独立于其他两个。比如,X 是与 Y 和 Z 联合独立的:$[X \otimes Y, Z]$。概率模型在此是:$\pi_{ijk} = \pi_{i++}\pi_{+jk}$,$i = 1, 2, \cdots, I$;$j = 1, 2, \cdots, J$;并且 $k = 1, 2, \cdots, K$。

注意,当 $[X \otimes Y]$ 并且 $[X \otimes Z]$ 时,不能推出 $[Y \otimes Z]$。在这种情况下,我们有 $\alpha_{XY} = \alpha_{XZ} = 1.0$,但是 $\alpha_{YZ} \neq 1.0$。最终,这一模型有三种方式:$[X \otimes Y, Z]$,$[Y \otimes X, Z]$ 和 $[Z \otimes X, Y]$。

条件性独立

两个变量在第三个变量的每一层级都是相互独立的。比如,X 和 Y 在 Z 的每一层级上都是相互独立的,或者取决于 Z 的层级,X 和 Y 是独立的。记法上,我们写成 $[X \otimes Y \mid Z]$。概率模型是 $\pi_{ijk} = \dfrac{\pi_{i+k}\,\pi_{+jk}}{\pi_{++k}}$,$i = 1, 2, \cdots, I$;$j = 1, 2, \cdots, J$;并且 $k = 1, 2, \cdots, K$。

考虑第 k 层,当 $Z=k$(这叫做在 $Z=k$ 上的部分表)。对于这个二向的部分表,X 和 Y 是独立的。在这种情况下,在部分表中,对应于 Z 的每一层 X 和 Y 的比值比都是 1.0:$\alpha_{(XY|Z)}=1.0$,对于 $Z=1,2,\cdots,K$。注意,当 X 和 Y 在每一层独立时,X 和 Y 并不需要在边际表中独立(参看第 3 章第 3 节和第 5 章对此的进一步讨论)。最终,条件性独立模型有三种方式:$[X \otimes Y \mid Z]$,$[X \otimes Z \mid Y]$ 和 $[Y \otimes Z \mid X]$。

同质关联

任何两个变量都有关联,并且这一关联在第三个变量的每一层上都相同。因此,(1) X—Y 关联在层上是同质的,(2) X—Z 关联在列上是同质的,(3) Y—Z 关联在行上是同质的。记法上,

1. $\alpha_{(XY|Z=1)}=\alpha_{(XY|Z=2)}=\cdots=\alpha_{(XY|Z=K)}$,

2. $\alpha_{(XZ|Y=1)}=\alpha_{(XZ|Y=2)}=\cdots=\alpha_{(XZ|Y=J)}$,

3. $\alpha_{(YZ|X=1)}=\alpha_{(YZ|X=2)}=\cdots=\alpha_{(YZ|X=I)}$。

由于三个变量之间不存在相互独立,因此不用"$\otimes$"记号来表示这个模型。同样,概率模型在此不可以写为闭合形式是因为 π_{ijk} 不能分解为边际概率,像 π_{i++},π_{ij+} 等。联合概率 π_{ijk} 可以被分解为边际概率的模型叫做可分解模型;也叫做直接模型、马尔科夫类型模型和复合模型(当区分加法模型和复合模型时,不要因为使用"复合"这一术语而混淆)。当联合概率不能分解为边际概率的闭合形式时,模型叫做不可分解模型。

可分解模型由 Goodman(1970，1971b)引进介绍，进一步由 Haberman(1974)和 Andersen(1974)发展。相互独立、联合独立和条件性独立模型都是可分解模型；同质关联模型是不可分解模型。稍后我们会看到，可分解模型的属性独具优势。

在 Z 的每个层级上的 X—Y 关联叫做 X 和 Y 之间的条件性关联(也叫做部分关联)。通过加入 Z 的层级在表中获得的 X—Y 关联叫做 X 和 Y 之间的边际关联。我们看到，部分关联不一定等同于边际关联(第 3 章第 3 节和第 5 章)。

饱和模型

任何两个变量都有关联，并且在第三个变量的每一层的关联都不尽相同。因此(a)在所有层间 X—Y 关联不同，(b)在所有列间 X—Z 关联不同，(c)在所有行间 Y—Z 关联不同。记法上，对于 $k=1, 2, \cdots, K$，$\alpha_{(XY|Z=k)}$ 都不相同；对于 $j=1, 2, \cdots, J$，$\alpha_{(XZ|Y=j)}$ 都不相同；对于 $i=1, 2, \cdots, I$，$\alpha_{(YZ|X=i)}$ 都不相同。

需要强调的一点是，以上描述的三维列联表的五种结构关联都是基于比值比作为关联的测量。如果用一些其他的关联测量、相关性或者百分比差异来测量关联，那么定义就会有所不同。

第 4 节 │ 模型拟合:三维表

对于给定的三维列联表,可能需要比较观测到的方格频数和期望方格频数的最大似然估计。后者可以通过给定的 LLM 运用上面的概率公式得到。比如,要拟合相互独立模型,计算估计的期望方格频数要用(参看第 2 章第 3 节"相互独立"部分):

$$n\hat{\pi}_{ijk} = n\hat{\pi}_{i++}\hat{\pi}_{+j+}\hat{\pi}_{++k} = n\frac{n_{i++}n_{+j+}n_{++k}}{n^3} = \frac{n_{i++}n_{+j+}n_{++k}}{n^2}$$

$$[2.3]$$

这里,$n = \sum_{i,j,k} n_{ijk}$ 是样本量的总和。为了评估相互独立模型的合理性,用卡方统计值 $\chi^2 = \sum_{\text{所有方格}} (O - E)^2 / E$[①] 来比较观测方格频数 $O = n_{ijk}$ 和估计的期望方格频数 $E = \frac{n_{i++}n_{+j+}n_{++k}}{n^2}$,然后将卡方值与自由度为 $IJK - I - J - K + 2$ 卡方分布的 95% 进行比较(参看第 3 章对 LLM 的回顾中计算 LLM 的自由度)。如果 χ^2 超过了这一百分数(或者等同于,P 值落在 0.05 之下),那么相互独立模型与数据严重不符。

---

① 原著为 0-E,应为 O-E,可能为排版错误。—— 译者注

例 2.4.1　在表 2.1,也即关于俄亥俄州代顿市高三学生吸烟的数据中,加入第三个相关变量——种族。相关的 $2 \times 2 \times 2$ 表格在表 2.2 中给出。我们的兴趣是看这三个变量是否相互独立。用 $X = $ 性别,$Y = $ 吸烟,$Z = $ 种族,我们希望检验 $[X \otimes Y \otimes Z]$,因此估计的期望方格频数是 $n_{i++} n_{+j+} n_{++k}/n^2$ (参看公式 2.3)。对于这个相互独立模型,自由度是 $IJK - I - J - K + 2 = 4$。χ^2 值结果是 3.36,与 4 个自由度的卡方分布相比,得到 $P = 0.499\,5$。因此性别、吸烟和种族之间的相互独立没有与数据不符。

表 2.2　基于吸烟、性别和种族背景的 2 276 名非城市高三学生的交叉分类

种　族	性别	吸　烟	
		是	否
高加索	男	699	363
	女	691	349
其他	男	58	36
	女	47	33

注:参看例 2.4.1。

资料来源:莱特州立大学布恩邵夫特医学院和俄亥俄州代顿市联合健康服务中心 1992 年调查。

第 5 节 | 多向表

　　列联表中因子的数量越多，分析和解释最佳拟合的 LLM 就越复杂。比如，4 个变量就会产生 12 种结构关联模型，包含相互独立、联合独立、条件独立和高阶交互效应。对于 10 个变量，结构关联模型就会增加到 1 014 种。因此，我们需要：(a) 一个可以表示所有可能出现的结构关联种类并将它们整理好的完善模型，(b) 一种可以确定哪个模型可以最好地拟合数据的分析策略，(c) 一种可以解释和分析最佳拟合模型结果的方法。

　　要回答 (a)，LLM 就是多向列联表的模型选择。要回答 (b)，很多 LLM 的模型拟合技巧已经在第一章中有所涉及。这本书的余下章节将直接回答 (c)。也就是，我们假设最佳拟合的 LLM 已经选定，并且我们希望分析和解释它。在下一章，我们从对 LLM 的简单回顾开始讲起。

第 **3** 章

对数线性模型回顾

对数线性模型(LLMs)用来分析多向列联表的数据。有几本好书推荐给读者,包括 Agresti(2002),Bishop et al. (1975),Christensen(1990),Knoke & Burke(1980),以及 Wickens(1989)。在这一章,主要是对 LLM 进行一个简单的回顾,从二向表讲到多向表。

第 1 节 ｜ **二向列联表**

对于两个变量 X(行)和 Y(列)的 $I \times J$ 列联表,我们已经知道 X 和 Y 统计上独立,如果满足

$$\pi_{ij} = \pi_{i+}\pi_{+j}, \ i = 1, 2, \cdots, I \ 并且 \ j = 1, 2, \cdots, J。$$

那么,

$$n\pi_{ij} = n\pi_{i+}\pi_{+j}, \ i = 1, 2, \cdots, I \ 并且 \ j = 1, 2, \cdots, J。$$

用 $\mu_{ij} = n\pi_{ij}$ 表示第 i 行、第 j 列的期望方格频数。模型独立的情况下,

$$\mu_{ij} = \frac{\mu_{i+}\mu_{+j}}{n}$$

这里,$\mu_{i+} = n\pi_{i+}$ 代表第 i 行的边际期望频数,$\mu_{+j} = n\pi_{+j}$ 代表第 j 列的边际期望频数。由于加法模型比乘法模型更容易处理,我们取自然对数:

$$\log(\mu_{ij}) = -\log(n) + \log(\mu_{i+}) + \log(\mu_{+j})$$

期望方格频数在对数尺度上是相加的,所以取名为对数线性模型(LLM)。这个模型规定,期望方格频率的对数等于一项仅仅包含整体样本的项 $-\log(n)$,一个仅取决于行的项 $\log(\mu_{i+})$ 和一个仅取决于列的项 $\log(\mu_{+j})$。我们分别用 λ,

λ_i^X 和 λ_j^Y 表示。为了模型辨识的需要，我们必须对 LLM 参数进行限定。尽管有很多不同的选择进行限定，我们要使用所谓的零和限定：$\sum_i \lambda_i^X = \sum_j \lambda_j^Y = 0$。

现在，X 和 Y 之间独立的完整 LLM 可以写成：

$$\log(\mu_{ij}) = \lambda + \lambda_i^X + \lambda_j^Y \qquad [3.1]$$

这里，

$$\sum_i \lambda_i^X = \sum_j \lambda_j^Y = 0$$

可以看到 λ_i^X 和 λ_j^Y 都是 $\log(\mu_{ij})$ 的函数，分别表示第 i 行和第 j 列的效应。也就是，

$$\lambda_i^X = \frac{1}{J} \sum_j \log(\mu_{ij}) - \frac{1}{IJ} \sum_{ij} \log(\mu_{ij}), \ i = 1, 2, \cdots, I$$

λ_j^Y 同理。

对于相关的 LLM，在模型中增加了一个叫做 X 和 Y 之间一阶交互的项，用 λ_{ij}^{XY} 表示。用零和限定，X 和 Y 的相关模型（也叫做饱和模型）成为：

$$\log(\mu_{ij}) = \lambda + \lambda_i^X + \lambda_j^Y + \lambda_{ij}^{XY} \qquad [3.2]$$

这里，

$$\sum_i \lambda_i^X = \sum_j \lambda_j^Y = \sum_i \lambda_{ij}^{XY} = \sum_j \lambda_{ij}^{XY} = \sum_{ij} \lambda_{ij}^{XY} = 0$$

注意到由于限定，这里仅有 $I-1$ 个独立的 λ_i^X 项，$J-1$ 个独立的 λ_j^Y 项，和 $(I-1)(J-1)$ 个独立的 λ_{ij}^{XY}。对于 2×2 列联表，可以表示为 $\lambda_{ij}^{XY} = \log(\alpha)/4$。因此作为比值比 α 的函数，一阶交互项测量了 X 和 Y 之间的相关程度。注意到如果 $\alpha = 1$（对应于 $[X \otimes Y]$），那么 $\lambda_{ij}^{XY} = 0$，因此 $\lambda_{12}^{XY} = \lambda_{21}^{XY} =$

$\lambda_{22}^{XY}=0$。 这样就得到了独立的 LLM(公式 3.1)。

给定 LLM 的自由度可以用以下两种对等的方法来计算：

1. 表中方格的总数减去 LLM 中独立 λ 项的个数；

2. 在饱和模型中独立 λ 项被设为 0 以获得 LLM 的个数。

因此，在 $I \times J$ 表中独立 LLM 自由度的计算如下：

1. $IJ - [1 + (I-1) + (J-1)] = (I-1)(J-1)$ 或者

2. 要得到公式 3.1，需要公式 3.2 中对所有 i 和 j，$\lambda_{ij}^{XY}=0$，因此有 $(I-1)(J-1)$ 个独立的 λ_{ij}^{XY} 项被设为 0。

饱和模型的自由度计算是

1. $IJ - [1 + (I-1) + (J-1) - (I-1)(J-1)] = 0$ 或者

2. 在饱和模型中没有 λ 项需要设为 0(公式 3.2)，因此自由度为 0。

二向表的独立模型和饱和模型可以用 $[X][Y]$ 和 $[XY]$ 分别表示(这一记法仅仅适用于层级 LLM[参看第 3 章第 4 节])。也就是说，$[X][Y]$ 是 LLM 在公式 3.1 中的简略表达，而 $[XY]$ 是 LLM 在公式 3.2 中的简略表达。这一记法用来指 LLM 的生成类；也叫做最小充分构形。对于独立模型，$[X]$ 和 $[Y]$ 叫做 LLM 的生成因子；对于饱和模型，$[XY]$ 是生成因子。注意生成因子和 λ 项在相应 LLM 中的对应：在独立模型中(公式 3.1)，行(X)和列(Y)的 λ 项(分别是 λ_i^X 和 λ_j^Y)出现是分离的，因此记成 $[X][Y]$；在饱和模型中(公式 3.2)，λ 项代表了行和列的结合，出现 λ_{ij}^{XY}，因此记为 $[XY]$。可以看到，对于生成类 $[X][Y]$，LLM 参数的最小充分统计值是行和列的边际观测总值，分别是 $\{n_{i+}\}_{i=1,2,\cdots,I}$ 和 $\{n_{+j}\}_{j=1,2,\cdots,J}$。

对于 $[XY]$，最小充分统计值是方格频数的观测值 $\{n_{ij}\}_{i=1, 2, \cdots, I; j=1, 2, \cdots, J}$。因此，最小充分构形项用来作标记。注意最小充分统计值和 LLM 生成因子及参数的符号对应：

结构关系	对数线性模型	生成类	生成因子	最小充分统计值
独立	$\log(\mu_{ij}) = \lambda + \lambda_i^X + \lambda_j^Y$	$[X][Y]$	$[X]$和$[Y]$	$\{n_{i+}\}, \{n_{+j}\}$
相关	$\log(\mu_{ij}) = \lambda + \lambda_i^X + \lambda_j^Y + \lambda_{ij}^{XY}$	$[XY]$	$[XY]$	$\{n_{ij}\}$

表 3.1 总结了对应于二向表的 LLMs 的自由度和最大似然估计（MLEs）。

表 3.1　二向列联表对数线性模型总结

关联结构	生成类	自由度	最大似然估计 $\mu_{ij}, \hat{\mu}_{ij}$
$[X \otimes Y]$	$[X][Y]$	$(I-1)(J-1)$	$n_{i+} \quad n_{+j}/n$
X 和 Y 之间一阶交互	$[XY]$	0	n_{ij}

第 2 节 | **三维列联表**

正如在第 2 章所看到的,对于三个分类变量有五种不同的结构关联模型。接下来要介绍每一种结构关联发展出的 LLM,平行于第 2 章第 3 节各部分。简单起见,我们假设对于每一个 LLM,即使没有每次都写出来,对于相应的指数,λ 项的总和都是 0(零和限定);指数的值域是 $i = 1, 2, \cdots, I$;$j = 1, 2, \cdots, J$ 并且 $k = 1, 2, \cdots, K$。

相互独立

当分类变量 X、Y 和 Z 都相互独立时,生成类是 $[X][Y][Z]$,LLM 是

$$\log(\mu_{ijk}) = \lambda + \lambda_i^X + \lambda_j^Y + \lambda_k^Z$$

这个模型的联合概率的分解,

$$\pi_{ijk} = \pi_{i++} \pi_{+j+} \pi_{++k}$$

可以直接从 LLM 导出,因为 $\mu_{ijk} = n\pi_{ijk}$,所以

$$\pi_{ijk} = \frac{1}{n} \exp(\lambda + \lambda_i^X + \lambda_j^Y + \lambda_k^Z)$$

现在使用合适的加总——比如,$\pi_{i++} = (1/n)\exp(\lambda + \lambda_i^X) \cdot$

$\sum_{j,k} \exp(\lambda_j^Y + \lambda_k^Z)$ 等等——并用 $n = \mu_{+++} = \sum_{i,j,k} \exp(\lambda + \lambda_i^X + \lambda_j^Y + \lambda_k^Z)$ 来证明 $\pi_{ijk} = \pi_{i++}\pi_{+j+}\pi_{++k}$。详情请参看 Bishop 等人的著作(1975,第 2.4 部分)。

λ 项在这个模型中叫做主效应:

$$\lambda_i^X = \frac{1}{JK}\sum_{j,k}\log(\mu_{ijk}) - \frac{1}{IJK}\sum_{i,j,k}\log(\mu_{ijk}),\ i = 1, 2, \cdots, I$$

λ_j^Y 和 λ_k^Z 同理。

联合独立

假设 X 是与 Y 和 Z 联合独立的:$[X \otimes Y, Z]$。在这种情况下,生成类是$[X][YZ]$,LLM 是

$$\log(\mu_{ijk}) = \lambda + \lambda_i^X + \lambda_j^Y + \lambda_k^Z + \lambda_{jk}^{YZ}$$

λ_{jk}^{YZ} 项叫做 Y 和 Z 的一阶交互,被加到相互独立模型中代表 Y 和 Z 的关联。概率模型这时是

$$\pi_{ijk} = \pi_{i++}\pi_{+jk},\ i = 1, 2, \cdots, I;\ j = 1, 2, \cdots, J;$$
$$并且\ k = 1, 2, \cdots, K$$

可以直接从 LLM 中导出。对于$[Y \otimes X, Z]$ 和 $[Z \otimes X, Y]$ 可以写出类似的 LLMs。

条件独立

假设 X 和 Y 在 Z 的每一层上都是相互独立的:$[X \otimes Y \mid Z]$。生成的类是$[XZ, YZ]$,LLM 是

$$\log(\mu_{ijk}) = \lambda + \lambda_i^X + \lambda_j^Y + \lambda_k^Z + \lambda_{ik}^{XZ} + \lambda_{jk}^{YZ}$$

概率模型是

$$\pi_{ijk} = \frac{\pi_{i+k}\, \pi_{+jk}}{\pi_{++k}}$$

可以直接从 LLM 中导出。在这个模型中，有两个一阶交互项：λ_{ik}^{XZ} 测量 X 和 Z 之间的关联，λ_{jk}^{YZ} 测量 Y 和 Z 之间的关联。对于 $[X \otimes Z \mid Y]$ 和 $[Y \otimes Z \mid X]$ 可以写出类似的模型。

同质关联

对于同质关联模型生成的类是 $[XY][XZ][YZ]$，LLM 是

$$\log(\mu_{ijk}) = \lambda + \lambda_i^X + \lambda_j^Y + \lambda_k^Z + \lambda_{ij}^{XY} + \lambda_{ik}^{XZ} + \lambda_{jk}^{YZ}$$

这一模型包含所有的主效应以及 X、Y 和 Z 之间成对的一阶交互；这里没有独立或者条件独立。对于 LLM 也没有闭合形式分解的 π_{ijk}。

饱和模型

这一模型生成的类是 $[XYZ]$，LLM 是

$$\log(\mu_{ijk}) = \lambda + \lambda_i^X + \lambda_j^Y + \lambda_k^Z + \lambda_{ij}^{XY} + \lambda_{ik}^{XZ} + \lambda_{jk}^{YZ} + \lambda_{ijk}^{XYZ}$$

这一模型包含所有的主效应，所有的一阶交互和二阶交互。二阶交互测量任何两个变量在第三个变量层级间的关联变化。注意到当两个变量在第三个变量的层级间不发生

改变时,对于所有的 i、j 和 k,$\lambda_{ijk}^{XYZ} = 0$,从而得到同质关联模型。因此,同质关联模型有时也被叫做"无二阶交互"模型,而饱和模型有时叫做"二阶交互"模型。

表 3.2 总结了三维列联表的 LLM。

表 3.2　三维列联表 LLMs 总结

关联结构	生成类	自由度	最大似然估计 μ_{ijk},$\widehat{\mu}_{ijk}$
$[X \otimes Y \otimes Z]$	$[X][Y][Z]$	$IJK - I - J - K + 2$	$n_{i++}n_{+j+}n_{++k}/n^2$
$[X \otimes Y, Z]$	$[X][YZ]$	$(I-1)(JK-1)$	$n_{i++}n_{+jk}/n$
$[X \otimes Y \mid Z]$	$[XZ][YZ]$	$K(I-1)(J-1)$	$n_{i+k}n_{+jk}/n_{++k}$
同质关联	$[XY][XZ][YZ]$	$(I-1)(J-1)(K-1)$	a
饱和模型	$[XYZ]$	0	n_{ijk}

注:a.对于边际频数,$\widehat{\mu}_{ijk}$ 没有分解的封闭形式。

第 3 节 │ **三维表 LLM 之间的关系**

第 2 节中列举到的五种 LLM 之间的相互关系如下：

● 如果 X、Y 和 Z 相互独立，那么 X 与 Y 和 Z 联合独立：$[X \otimes Y \otimes Z] \rightarrow [X \otimes Y, Z]$。（符号"$\rightarrow$"表示"预示"）。类似地，我们有 $[X \otimes Y \otimes Z] \rightarrow [Y \otimes X, Z]$ 和 $[X \otimes Y \otimes Z] \rightarrow [Z \otimes X, Y]$。也就是说，相互独立预示着联合独立。

● 如果 X 与 Y 和 Z 联合独立，那么 X 和 Y 独立的条件是 Z：$[X \otimes Y, Z] \rightarrow [X \otimes Y \mid Z]$。类似地，$[X \otimes Y, Z] \rightarrow [X \otimes Z \mid Y]$。也就是说，联合独立预示着条件独立。

● 如果 X 与 Y 和 Z 联合独立，那么 X 和 Y 在边际表中独立：$[X \otimes Y, Z] \rightarrow [X \otimes Y]$。类似地，$[X \otimes Y, Z] \rightarrow [X \otimes Z]$。也就是说，联合独立意味着边际独立。

● 如果 X 和 Y 独立的条件是 Z，那么 X 和 Y 不一定在边际表中独立：$[X \otimes Y \mid Z]$ 不一定预示 $[X \otimes Y]$。

● 如果 X 和 Y 在边际表中独立，那么 X 和 Y 不一定在 Z 条件下独立：$[X \otimes Y]$ 不一定意味着 $[X \otimes Y \mid Z]$。

总结起来，相互独立意味着联合独立，联合独立意味着条件独立和边际独立，但是条件独立既不预示边际独立也不被边际独立预示。简单来讲，我们有

$$相互独立 \longrightarrow 联合独立 \begin{array}{c} \nearrow 条件独立 \\ \searrow 边际独立 \end{array}$$

由于条件和边际独立之间缺乏对应，使得很多非统计学家感到非常困惑。X—Y 条件关联与 X—Y 边际关联不同。事实上，关联的方向可能会改变——一个有名的条件叫做辛普森悖论（参看，如 Agresti，2002，第 2 章）。只有在特殊条件下，即可分解条件下，X—Y 的条件性关联等同于 X—Y 的边际关联。在第 5 章会有更全面的讨论。

例 3.3.1 1999 年，盖洛普调查了 825 位天主教徒（www.thearda.com/Archive/Files/Codebooks/GALLUP99_CB.asp）；这个例子中包含以下变量：

$$S = 支持女性担任神职（是，否）$$
$$B = 采取避孕（有，没有）$$
$$C = 性别（男，女）$$

表 3.3 展示的是三维列联表。反向排除选择法确定了最佳拟合模型 $[SB][G]$。性别独立于其他两个变量，但是这两个变量是相关的。相关 P 值在表 3.4 中给定。

表 3.3　825 个天主教徒交叉分类

$G =$ 性别	$S =$ 支持女性担任神职	$B =$ 采取避孕	
		有	没有
男	是	193	45
	否	67	53
女	是	240	58
	否	110	59

注：参看例 3.3.1。
资料来源：1999 年盖洛普调查。

表 3.4　例 3.3.1 的一阶及高阶交互统计检验结果

效　应	H_0	自由度	P 值
一阶交互：$S \times B$	$\lambda_{ij}^{SB} = 0$（所有 i 和 j）	1	$< 0.000\ 1$
一阶交互：$S \times G$	$\lambda_{ik}^{SG} = 0$（所有 i 和 k）	1	0.690 4
一阶交互：$B \times G$	$\lambda_{jk}^{BG} = 0$（所有 j 和 k）	1	0.285 0
二阶交互：$S \times B \times G$	$\lambda_{ijk}^{SBG} = 0$（所有 i，j 和 k）	1	0.197 4

注：$S = $ 支持女性担任神职；$B = $ 采取避孕；$G = $ 性别。

为了便于解释，考虑从方格频数的观测值计算以下样本的比值比。P 值来自表 3.4。每种情况的第三个变量已经被完全分解（对于这个模型这样做是合适的——参看第 5 章和表 5.5）。

关　系	样本比值比	P 值[a]	解　释
S—G 关系；在 B 层级上完全分解	$\dfrac{\text{比值}_\text{男}（\text{支持}）}{\text{比值}_\text{女}（\text{支持}）} = \dfrac{1.983\ 3}{1.763\ 3} = 1.12$	0.690 4	男女在支持女性担任神职人员的比值对比
B—G 关系；在 S 层级上完全分解	$\dfrac{\text{比值}_\text{男}（\text{避孕}）}{\text{比值}_\text{女}（\text{避孕}）} = \dfrac{2.653\ 1}{2.991\ 5} = 0.89$	0.285 0	男女在采取避孕的比值对比
S—B 关系；在 G 层级上完全分解	$\dfrac{\text{比值}_\text{采用避孕}（\text{支持}）}{\text{比值}_\text{不用避孕}（\text{支持}）} = \dfrac{2.446\ 3}{0.919\ 6} = 2.66$	$< 0.000\ 1$	对于支持女性担任神职的比值，采用避孕的人是不用避孕的人的 2.66 倍

注：a.要检验的假设是 H_0：比值比 $= 1$；相对于 H_A：比值比 $\neq 1$。

总结：支持女性担任神职和采取避孕都与性别不相关，但是它们彼此相关。采取避孕的人更支持女性担任神职；事实上，对于支持女性担任神职的比值，采用避孕的人是不采用避孕的人的 2.7 倍。

第 4 节 │ LLM 和列联表属性

以下讨论 LLM 和列联表的诸多属性。

层级 LLM

考虑一个给定的 λ 项，比如 λ^{XY}（为了方便，这里省略了下标）。λ 项的 λ^{X} 和 λ^{Y} 是指 λ^{XY} 的低阶亲属。总体来讲，对于任意 λ 项 λ^{θ}，它的所有低阶亲属都是 λ 项 λ^{θ}，这里 θ 是 Θ 的一个固有子集。相反，λ^{XYZ} 是 λ^{XY} 的高阶亲属；整体来说，如果 θ 是 Θ 的一个固有子集，那么 λ^{θ} 是 λ^{θ} 的高阶亲属。

在一个层级 LLM 中的任何 λ 项，所有的低阶亲属也都包含在模型中：如果 λ^{θ} 包含在 LLM 中，那么对于所有 $\theta \subset \Theta$，λ^{θ} 也包含在 LLM 中。这被认为是层级原则。比如，同质关联模型，

$$\log(\mu_{ijk}) = \lambda + \lambda_i^X + \lambda_j^Y + \lambda_k^Z + \lambda_{ij}^{XY} + \lambda_{ik}^{XZ} + \lambda_{jk}^{YZ}$$

是层级的，但是以下模型不是：

$$\log(\mu_{ijk}) = \lambda + \lambda_i^X + \lambda_j^Y + \lambda_{ij}^{XY} + \lambda_{ik}^{XZ} + \lambda_{jk}^{YZ}$$

（注意，比如 λ_{ik}^{XZ} 在这个模型中，但是它的低阶亲属 λ_k^Z 却不在模型中）。

　　注意,生成类的记法仅仅适用于层级 LLM。也就是说, 如果[XYZ]是一个给定的 LLM 的生成因子,那么 λ^{XYZ} 项在 LLM 中,并且意味着,所有 λ^{XYZ} 的低阶亲属也都在 LLM 中。 层级 LLM 是在实际应用中使用最普遍的 LLM。原因是,对 于非层级 LLM,统计显著度和高阶 λ 项的解释取决于变量如 何编码;对于层级 LLM,结果不取决于编码。正如 Agresti (2002:317)所讲,用非层级 LLM 等同于使用方差分析 (ANOVA)或者有交互项但是没有相应主效应的回归模型。

部分关联模型

　　特别重要的一种 LLM 是部分关联模型(Birch,1965)。 这种 LLM 中至少有一个一阶交互等于 0。比如,同质关联模 型[XY][XZ][YZ]不是部分关联模型,是因为所有的一阶交 互项都出现在模型中。但是条件独立模型[XY][XZ]是部 分关联模型,因为 λ^{YZ} 项没有出现在模型中。对于不是部分 关联模型的 LLM,变量间不存在独立或者条件独立。因此, 只有在部分关联模型中,变量间才会出现独立或者条件 独立。

　　注意,对于层级 LLM,如果 λ^{θ} 被设为 0,那么它所有的 高阶亲属都必须设为 0。因此要得到一个部分关联模型,至 少一个一阶交互的 λ 项被设为 0。

抽样设计

　　列联表的数据可以用很多种方法得到,包括使用非常复

杂的抽样设计。在一个二向表中,以下给出三种实践应用中最基本的抽样规划:

● 泊松抽样规划:在一个固定时间段,从研究总体中随机抽取样本,然后根据两个变量 X 和 Y 对它们进行交叉分类。比如,随机抽取一个小时内在一个指定交叉路口的行人,并根据民族和性别对其交叉分类。在这个例子中,整体样本量 n 是一个随机变量。

● 多项抽样规划:从研究总体中随机抽取 n 个样本,n 是一个固定的正整数,然后根据两个变量 X 和 Y 对它们进行交叉分类。比如,随机抽取 100 个俄亥俄州人,然后根据民族和性别对其交叉分类。在这个例子中,n 是一个由实验者决定的固定常数。

● 多项乘积抽样规划:从变量 X 的第 i 层随机抽取 n_{i+} 个样本,其中 $i = 1, 2, \cdots, I$,这里,n_{i+} 是每一层 i 中固定已知的正整数,然后根据变量 Y 的层级对样本分类。这也叫做按行分层抽样。类似地,也可以按列分层抽样,根据变量 X 的层级,从列 j 中对 n_{+j} 的对象进行分类,其中 $j = 1, 2, \cdots, J$。比如,随机抽取 100 个俄亥俄州的女性和 100 个俄亥俄州的男性,并且根据民族对他们分类。

假设样本量足够大,用卡方或者似然比统计值来检验 LLM 对一组列联表数据拟合度的推理过程,对这些抽样规划行之有效。但是,对于用其他方法得到的列联表数据是无效的。可以参看 Fienberg(1981,表 2—4)中获取列联表的一个例子,用的不是以上抽样方法。对于这样一个表的示例和相对应不正确的卡方分析,参看 Stewart, Paris, Pelton &

Garretson（1984）。

　　使用 LLM 时，必须确保模型与产生列联表的抽样方法一致。使用多项乘积抽样时，LLM 中的 λ 项，其对应于边际并由抽样方法固定的指数必须在模型中保留，才能使边际观测值与 MLE 的固定边际相匹配。比如，如果一个二向表的行边际在抽样设计中是确定的，那么 λ^X 项要出现在任何可能的最佳拟合 LLM 中。或者假设有 50 个非裔美国男性及女性和 50 个高加索男性及女性（共 200 个对象）被随机抽取并且每一个都被问到他或她是否主张死刑。因子是 X＝民族，Y＝性别，Z＝回答（是／否），那么无论统计上显著与否，一阶交互项 λ^{XY} 必须出现在任何有可能是最佳数据拟合的 LLM 中，因为 X—Y 边际 $\{n_{ij+}\}$ 是由抽样设计确定的：对于 $i＝1，2$ 和 $j＝1，2$，$\{n_{ij+}\}＝50$。进一步的讨论，参看 Biship et al.（1975，第 13 章）。

完整列联表

　　一个完整的列联表是指对于所有的 i、j 和 k，$\mu_{ijk}＞0$。一个不完整的表是指至少有一个方格 $\mu_{ijk}＝0$。$\mu_{ijk}＝0$ 即方格的零频数叫做结构零。当 $\mu_{ijk}＞0$ 但是 $n_{ijk}＝0$ 时出现抽样零。因此结构零对应的是一组不可能的条件，但是抽样零对应的是一组可能但是少见的条件。考虑一个二向列联表的变量（1）手术种类和（2）性别。方格（条件）对应（1）手术种类＝子宫切除术和（2）性别＝男会导致一个结构零。考虑按年龄组对最高学历进行分类的二维表，如果零出现在对应单元格（1）年龄组＝15 到 24，和（2）最高学历＝博士，那么这个方格就出现抽样零,因为在 24 岁前获得博士学位很罕见但不代表不可能。

不完整列联表要求一种特殊的分析方法来处理结构零;计算自由度用专门的公式,似对数线性模型用来建模,并用似独立来解释数据。参考 Fienberg(1981,第 8 章)和 Bishop et al.(1975,第 5 章)中的例子。

第 5 节 | 多向表

LLM 可以拓展到四维或者更高维度的表格。抽样设计和完整性、层级原则、模型筛选过程都可以拓展到多向表，随之而来的是更高层面的复杂性。

对于高维度的多向表，LLM 开始变得复杂。比如，对于一个 2^K 的列联表，包含的 LLM 有 2^K 个项。正如在第 1 章中提到的，有可用的统计方法和软件为这些表寻找最佳的模型。但是，解释和分析这些最佳拟合模型结果的特征却没有发展起来。也就是说，缺乏一个系统、有序、全面和直接的程序来确定 LLM 所有的重要属性以及由 LLM 解释的所有相互独立和条件性独立。这本书的图像程序填补了这一空白。

在过去的 30 年，对于解释和分析高维度列联表的 LLM，数学的图论有很大的优势来完成这一目标。这就是第 4 章到第 8 章的主题。

在社会科学的多向列联表分析中，会遇到很多模型框架和数据结构：递归模型、潜在类型模型、关联模型（对数线性）、对应分析、重复测量和其他群组/相关分类数据形式、随机效应和混合效应模型、logistic 和 logit 模型、配对数据、半对称同类相关列联表数据（Khamis，1983）、有序分类变量（参看 Agresti，1983），等等。Goodman（2007）对许多类似的主题做了回顾。在这本书中,我们仅仅考虑解释和分析一个给定的最佳拟合的层级 LLM,它由标准的抽样设计产生完整的列联表,包含所有主效应,目的是:

1. 确定给定的最佳拟合 LLM 的重要属性;

2. 准确并可靠地确定给定 LLM 因子间所有的独立和条件性独立的关系。

剩下的章节专注于用数学图论的方法来实现这两个目标。

第 **4** 章

对数线性模型的关联图

数学的图论已经展示出其有效解释和分析对数线性模型(LLM)的优势。我们说"解释"一个 LLM,是指确定哪些变量是彼此相互独立或者条件性独立的。也就是说,我们希望确定分类变量间所有的独立和条件性独立(如果有的话)关系。我们的"分析"是指:

● 确定模型是否可以分解;

● 如果可以分解,得到联合概率的分解;

● 确认分解的条件。

为什么这三点重要? 因为

1. 从理论上和实践上来讲,可分解的模型都有很重要的特殊属性(细节参看第 4 章第 4 节);

2. 对于统计方法研究,清晰封闭的联合概率表达式对理论推导中有所帮助(同样参看第 4 章第 4 节);

3. 在应用中,关键要意识到分解一个因子的层级可能会改变其他因子间的关系,从而导致虚假结论。

接下来,要给出数学图论的定义,然后展现基本的图论法则,并用其定义和构建二向、三向和多向表 LLM 的关联图。最后,用关联图来解释和分析 LLM。

第 1 节 ｜ 基本图论法则

一个数学图由一组顶点和一组边来定义。任何两个顶点可能会也可能不会交汇于一条边。

关联图的建构

对于我们的研究目的，顶点就是研究的分类变量，边就是一阶交互。因此，如果在 LLM 中两个因子 X 和 Y 之间有一阶交互，那么有一条边连接顶点 X 和 Y；也就是说，如果 X 和 Y 相关联，便有一条边连接 X 和 Y。如果 X 和 Y 在统计上独立，那么它们在图中不会由一条边相连。这种图叫做关联图——这个名字源于 Agresti(2002)；曾经被 Darroch et al. (1980)叫做一阶交互图；Andersen(1997)称它为关联线图。

考虑二向列联表中有变量 X 和 Y。如果 X 和 Y 是相互独立的（也就是，LLM 的生成类是[X][Y]），那么关联图是

$$X \qquad Y$$

如果 X 和 Y 是相关联的（也就是，LLM 的生成类是[XY]），那么关联图是

$$X \longrightarrow Y$$

毗邻和条件独立

如果在图中有一条边连接两个顶点,那么这两个顶点毗邻。在图中从 X 顶点到 Y 顶点的路径就是从 X 到 Y 一系列的边。如果从 T 中的任何一个顶点到 V 中的任何一个顶点的所有路径中至少要经过 S 的一个顶点,S 组的顶点就分隔了 T 组和 V 组的顶点。在下面的两幅关联图中,让 $S = \{C\}$,$T = \{A, B\}$,$V = \{D, E\}$。那么,对于左边的图,S 分隔了 T 和 V,但是右边的图,S 没有分隔 T 和 V,因为有一条路径从 V 的一个顶点(即 E)到 T 的一个顶点(即 B)没有穿过 S。

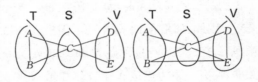

用所谓的马尔科夫随域,Darroch et al.(1980)发展了关联图中的毗邻和变量间条件性独立的关系。作者展示了两个变量(关联图中的顶点)不毗邻,当且仅当它们相对于其他所有的变量是条件性独立的。如果两个变量是毗邻的,它们就被认为是相对于其他变量部分关联的。如果在关联图中,S 组的变量分隔了两个组 T 和 V 的变量,那么相对于 S 中的变量,T 的变量与 V 的变量条件性独立。比如,上面左边的关联图,在 C 条件下,A 和 B 独立于 D 和 E。对于右边的关联图,如果我们选择 $S = \{B, C, D\}$,$T = \{A\}$ 并且 $V = \{E\}$(如下),那么在 B、C 和 D 的条件下,A 独立于 E。

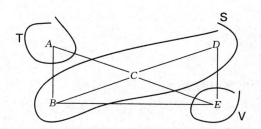

注意,这里 S 分隔 T 和 V, S、T 和 V 的这些选择都不是唯一的。也可以做其他的选择,从而产生其他的条件独立。比如,在上面的关联图中,我们让 S = {A, C, E},就会在 A、C 和 E 的条件下产生 B 和 D 之间的独立。

在下面的关联图中,在 S = {D} 的条件下,变量组 V = {A, B, C} 与 T = {F} 相互独立,因为 D 分隔了 A、B、C 和 F。同时注意在 A、C 和 D(S = {A, C, D})的条件下,F 与 B 相互独立。

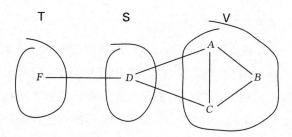

无条件独立的变量被说成是处在关联图中不同的连接成分。比如,下面的关联图,变量 X、Y 和 Z 独立于变量 V 和 W:

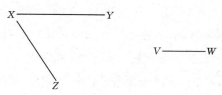

图形模型

一个完整图的边会连接每一对顶点。一幅图中的一个最大群是指一个完整的子图中包含最大的变量组,或者指形成一个完整图但不包含于一个更大完整图的一组顶点。比如,下方左边的图是一个完整图,因为所有可能配对的顶点都有一个边。所以,这幅图有一个最大群:⟨WXYZ⟩。下方右边的图是不完整的(连接 X 和 W 的边是缺失的),但是有两个最大群:⟨XYZ⟩和⟨WYZ⟩。

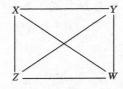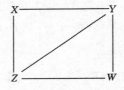

一个层级 LLM 被叫做一个图形模型(由 Darroch et al.,1980 引入),其中,关联图的最大群和 LLM 的生成因子之间一一对应。更正式地讲,我们说只要一个模型包含所有由高阶交互项产生的一阶交互项,那么这个模型也包含高阶交互项,这样一来,该模型就是图形的。举例来说,考虑生成类[WXYZ]。拥有这一生成类的 LLM 是一个图形模型,是因为它的关联图(左上)有一个最大群⟨WXYZ⟩,直接对应模型的生成因子[WXYZ]。有生成类[XYZ][WYZ][WX]的 LLM 有同样的关联图(左上),但它不是图形的,因为其最大群⟨WXYZ⟩没有对应于这一模型的生成因子。有生成类[XYZ][WYZ]的 LLM 是图形的,因为它的关联图(右上)有最大群$\langle XYZ \rangle \langle WYZ \rangle$，直接分别对应于生成因子$[XYZ]$
$[WYZ]$。这些例子总结如下：

生成的类	关联图	最大群	图形模型
$[WXYZ]$	左上	$\langle WXYZ \rangle$	是
$[XYZ][WYZ][WX]$	左上	$\langle WXYZ \rangle$	否
$[XYZ][WYZ]$	右上	$\langle XYZ \rangle, \langle WYZ \rangle$	是

图形模型很重要，因为最大群直接与 LLM 参数的最小
充分统计值相关，可能导致有价值数据的缩减（参见 Edwards
& Kreiner，1983：563）。事实上，对于给定的观测列联表，有
一些统计方法可以选择合适的图形模型（参见 Edwards &
Kreiner，1983，第 5 部分）。对于数据解释，图形模型中（包括
所有的二阶和高阶交互）变量间的结构关联在图形中是显而
易见的；尤其是，非饱和图形模型可以根据独立或者条件性
独立被专门解释，并从图中直接读出。考虑一个三向表的例
子。如下表所示，除了同质关联模型，三向表的所有 LLM 都
是图形的（参考第 3 章第 2 节）。

生成的类	关联图	最大群	图形模型
$[X][Y][Z]$	$[X], [Y], [Z]$	$\langle X \rangle, \langle Y \rangle, \langle Z \rangle$	是
$[X][YZ]$	$[X], [YZ]$	$\langle X \rangle, \langle YZ \rangle$	是
$[XZ][YZ]$	$[XZ], [YZ]$	$\langle XZ \rangle, \langle YZ \rangle$	是
$[XY][XZ][YZ]$	$[XY], [XZ], [YZ]$	$\langle XYZ \rangle$	否
$[XYZ]$	$[XYZ]$	$\langle XYZ \rangle$	是

所有的非饱和模型都根据独立或者条件性独立直接解
释（参考第 3 章第 2 节）。但是同质关联模型（非图形的）不
能被这样解释；相反，必须根据没有二阶交互时的效应来解
释。比如，一个人可以这样写："在第三个因子的层级上，任

意两个因子之间的关联是同质的。"饱和模型总是图形的,是所有交互项非零的特殊情况。

图形模型有重要应用性的第二个原因是它们在识别 LLM 的可分解性上发挥着重要的作用(参看下文"可分解的 LLM")。

弦图

一个环是指一系列始点和终点都是一个给定顶点的边。一条弦是指环上非连续顶点之间的边。弦图是指对每一个长度不少于四的环都有弦的图(参看 Blair & Peyton, 1993; Golumbic, 1980,第 4 章)。可以用线性—时间"最大关联基数检索"(maximum-cardinality search)运算来检验一个图是否为弦图(Tarjan & Yannakakis, 1984)。左下的图不是弦图,因为它有一个长度为四的环而没有一条弦(A-B-C-D)。右下的图是弦图。

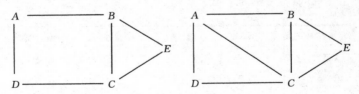

注意,任何顶点少于四个的图都是弦图,因为没有一个环的长度是四或者超过四,因此没有长度不少于四的环没有弦。

可分解的 LLM

Darroch et al.(1980)将可分解的模型描述为那些关联图

是弦图的图形模型；简单来讲，"图形的 + 有弦的 = 可分解的"。考虑有生成类[AB][BC][CD][AD][BCE]的 LLM。关联图在左下方。这个 LLM 是图形的，因为生成因子[AB]、[BC]、[CD]、[AD]和[BCE]与关联图中最大群直接分别对应于⟨AB⟩、⟨BC⟩、⟨CD⟩、⟨AD⟩和⟨BCE⟩。但是关联图不是弦图，因为它有一个长度为四的环(A-B-C-D)而没有一条弦。因此，这个模型是不可分解的。

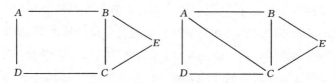

考虑有生成类[ABC][ACD][BCE]的 LLM。关联图在右上。这个模型是图形的，是因为生成因子[ABC]、[ACD]和[BCE]与关联图的最大群⟨ABC⟩、⟨ACD⟩和⟨BCE⟩分别直接对应。关联图是弦图，是因为不存在长度为四及以上的环(A-B-C-D)没有弦的情况。因此，这个 LLM 是可分解的。考虑 LLM 有生成类[AB][BC][AC][AD][CD][BCE]。关联图在右上方。关联图是弦图，但模型不是图形的，因为最大群⟨ABC⟩没有一个对应的生成因子[ABC]在生成的类中。给出的三个例子总结如下：

生　成　的　类	关联图	图形 LLM	弦关联图	可分解
[AB][BC][CD][AD][BCE]	左上	是	否	否
[ABC][ACD][BCE]	右上	是	是	是
[AB][BC][AC][AD][CD][BCE]	右上	否	是	否

现在这些定义将要应用于三向列联表中的 LLM，从而巩固这些概念。

第 2 节 | 三向表的关联图

接下来的部分, 我们会给出第 3 章第 2 节中三个分类变量的五种不同结构关联模型的关联图。在每种情况下, 如果两个变量之间存在一阶交互, 也就是说, 如果 LLM 中有一阶交互的 λ 项 (双下标的 λ 项), 那么一条边连接两个顶点 (变量)。

相互独立: $\log(\mu_{ijk}) = \lambda + \lambda_i^X + \lambda_j^Y + \lambda_k^Z$

生成的类是 $[X][Y][Z]$。关联图是

$$X$$

$$Y \qquad Z$$

在相互独立性模型中没有一阶交互项, 因此在关联图中没有边。在这种情况下, 每一个变量都是图中的一个独立的 (不相邻) 成分, 也就意味着这三个变量之间是非条件独立的。这个图中的最大群是 $\langle X \rangle$、$\langle Y \rangle$ 和 $\langle Z \rangle$。它们与模型的生成因子 $[X]$、$[Y]$ 和 $[Z]$ 分别直接对应, 因此这是一个图形模型。

联合独立： $\log(\mu_{ijk}) = \lambda + \lambda_i^X + \lambda_j^Y + \lambda_k^Z + \lambda_{jk}^{YZ}$

这里，X 联合独立于 Y 和 Z：$[X \otimes Y, Z]$。生成类是 $[X][YZ]$。关联图是

在 LLM 中，这里只有一个一阶交互项 λ_{jk}^{YZ}，因此在关联图中只有一条连接 Y 和 Z 的边。这一关联图由两个成分构成：(1) 一个是 X，(2) 另一个是 Y 和 Z。因此 X 非条件独立于 Y 和 Z。这个图中的最大群是 $\langle X \rangle$ 和 $\langle YZ \rangle$。它们与模型的生成因子 $[X]$ 和 $[YZ]$ 分别直接对应，因此这是一个图形模型。

条件独立： $\log(\mu_{ijk}) = \lambda + \lambda_i^X + \lambda_j^Y + \lambda_k^Z + \lambda_{ik}^{XZ} + \lambda_{jk}^{YZ}$

X 和 Y 在 Z 层上是相互独立的：$[X \otimes Y \mid Z]$。生成的类是 $[XZ][YZ]$。关联图是

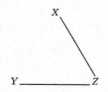

在 LLM 中，这里有两个一阶交互项 λ_{ik}^{XZ} 和 λ_{jk}^{YZ}，因此在关联图中有两条边，一条连接 X 和 Z，另一条连接 Y 和 Z。在关联图中，变量 Z 将 X 和 Y 分开。因此，X 独立于 Y 的条件是 Z。这个图中的最大群分别是 $\langle XZ \rangle$ 和 $\langle YZ \rangle$。因此这是一个图形模型。

同质关联：$\log(\mu_{ijk}) = \lambda + \lambda_i^X + \lambda_j^Y + \lambda_k^Z + \lambda_{ij}^{XY} + \lambda_{ik}^{XZ} + \lambda_{jk}^{YZ}$

生成的类是 $[XY][XZ][YZ]$。关联图是

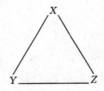

在 LLM 中，这里有三个一阶交互项 λ_{ij}^{XY}、λ_{ik}^{XZ} 和 λ_{jk}^{YZ}，因此在关联图中有三条边。这个图中的最大群是 $\langle XYZ \rangle$；因为在生成类中没有生成因子 $[XYZ]$，因此这不是一个图形模型。

饱和模型：$\log(\mu_{ijk}) = \lambda + \lambda_i^X + \lambda_j^Y + \lambda_k^Z + \lambda_{ij}^{XY} + \lambda_{ik}^{XZ} +$
$\lambda_{jk}^{YZ} + \lambda_{ijk}^{XYZ}$

生成的类是 $[XYZ]$。关联图是

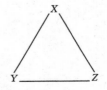

像同质关联模型一样，这一模型有三个一阶交互项。这个图中的最大群是〈XYZ〉；它对应于生成因子[XYZ]，因此这是一个图形模型。

值得注意的是，同质关联模型和饱和模型的关联图相同，这是因为二者的 LLM 都有相同一阶交互项的集合。因此，对于每一个这样的 LLM，关联图都只有一个最大群〈XYZ〉。但是，同质关联模型不是一个图形模型，因为最大群〈XYZ〉与模型中生成因子[XY]、[XZ]和[YZ]不存在一对一的对应。但是饱和模型是图形模型，因为最大群〈XYZ〉与模型中生成因子[XYZ]直接对应。（参看第 4 章第 1 节"图形模型"部分中的另外一个例子，两个不同的生成类拥有相同的关联图。）

由于以上的模型只包含三个变量，对应的关联图显然是弦形的（参看第 4 章第 1 节"弦图"部分）。因为同质关联模型不是图形的，因此它不可分解。以上其他所有的模型都是可以分解的，因为每一个都是图形的，并且都有弦形的关联图。记得"图形的＋有弦的＝可分解"。这一结论与表 3.2 中显示的结果一致，即对于以上除同质关联模型之外的所有模型，联合分布可以被明确地分解为因子（分解的一个结果）。

第 3 节 | 多维表的关联图

对于四维或者更高维的表,以上的原则可以直接扩展。以下的八个例子用来说明这点。在接下来的章节中,会用同样的八个例子来说明各种不同的技巧。

例 4.3.1 考虑 LLM 有生成类 $[ABC][BD][CD]$。关联图是

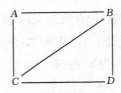

在这个图中有两个最大群: $\langle ABC \rangle$ 和 $\langle BCD \rangle$。它们与模型中的生成因子不对应($[BCD]$ 不是一个生成因子),因此这个 LLM 不是图形的。这一图形是弦图是因为这四段长的环 $\langle ABCD \rangle$ 有一条弦 $\langle BC \rangle$。但是,这一 LLM 不可分解,因为分解性要求关联图是弦图,并且 LLM 是图形的。

例 4.3.2 考虑 LLM 有生成类 $[ABC][BD]$。关联图是

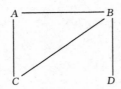

图中有两个最大群：〈ABC〉和〈BD〉；这与模型的生成因子对应，因此它是图形模型。图中没有四段长的环（只有一个三段长的〈ABC〉），因此这幅图明显是弦图。由于该图形模型有弦形关联图，LLM 是可分解的。

例 4.3.3　考虑 LLM 有生成类[AB][BD][CD][AC]。关联图是

图中有四个最大群：〈AB〉、〈BD〉、〈CD〉和〈AC〉。这与模型的生成因子对应，因此它是图形模型。但是，这一图形有一个没有弦的四段长的环，因此 LLM 是不可分解的。

例 4.3.4　考虑 LLM 有生成类[AS][ACR][MCS][MAC]。关联图是

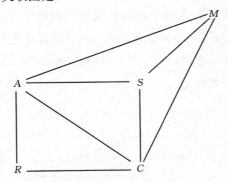

注意〈MACS〉是最大群，但是在生成类中没有生成因子[MACS]。因此它不是图形模型所以不能分解。

例 4.3.5　考虑 LLM 有生成类[ABCD][ACE][BCG]

［CDF］。关联图是

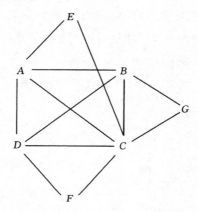

这一模型是图形的，并且关联图是弦图，因此 LLM 是可分解的。

例 4.3.6　Edwards & Kreiner(1983)分析了一组由哥本哈根社会研究所搜集于 1978 和 1979 年的调查数据（未发布）。样本是 1 592 个 18 到 67 岁的就业男性，询问他们在过去的一年里是否做过一些以往需要请付费工匠做的工作。表 4.1 列出了这些变量。调查的目的是估计建筑业中逃税的程度。作者考虑的其中一个 LLM 是［ARME］［AMET］。这一模型的关联图是

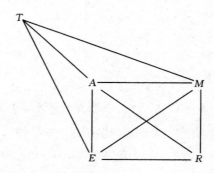

注意,最大群与模型的生成因子相对应并且关联图是弦图,因此 LLM 是可分解的。

表 4.1　例 4.3.6 的变量信息

变　量	符号	分　类
年龄类别(年)	A	<30, 31—45, 46—67
回应	R	是,否
居住方式	M	租住,购置
雇佣	E	技术类,非技术类,其他
居所种类	T	公寓,独栋

资料来源:Edwards & Kreiner(1983),基于 1978 和 1979 年调查的 1 592 个就业男性过去的一年里是否做过一些以往需要请付费工匠做的工作。

例 4.3.7　在例 2.1 和 2.2 中,仅仅使用了部分莱特州立大学/联合调查的数据。表 4.2 提供了完整数据的变量设定。这里, A =酒精使用, C =香烟使用, M =大麻使用, G =性别, R =种族。 这些数据是由俄亥俄州代顿市莱特州立大学统计咨询中心进行分析的(参看 Agresti,2002,第 9.2.2 部分对模型拟合的综合分析)。Agresti(2002;363)考察的一个模型有生成类 $[AC][AM][CM][AG][AR][GR]$。这个模型的关联图是

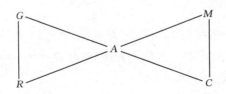

图中的最大群是 $\langle AGR \rangle$ 和 $\langle AMC \rangle$,它们与模型的生成因子不匹配,因此 LLM 不是图形的也就不能分解。

表 4.2 例 4.3.7 的变量信息

变 量	符 号	分 类
大麻使用	M	否,是
酒精使用	A	否,是
香烟使用	C	否,是
种族	R	其他,白人
性别	G	女,男

资料来源:基于 1992 年 2 276 个非城市高中生(12 年级)被问到是否曾使用大麻、酒精或者香烟。

例 4.3.8 考虑有生成类(用从 0 到 9 的数字代表 10 个分类变量)[67][013][125][178][1347][1457][1479]。这一生成类在第 1 章中作为启发性的例子做过介绍。它的关联图是

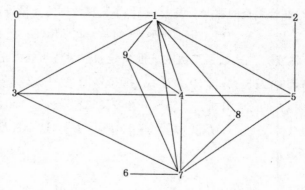

从这一关联图中看 LLM 是否可分解没有那么容易。在第 6 章我们用另外一种图形程序,将会看到这一模型实际上是可分解的(参看例 6.3.8)。

第 4 节 │ **可分解的 LLM**

为什么确定一个给定的 LLM 是否可分解如此重要？具体原因如下：

1. 正如在第 2 章第 3 节"同质关联"部分提到的，当模型反映的生成因子仅仅是可分解的模型时，列联表的联合概率才可以在闭合形式下分解，基于此，闭合形式下的最大似然估计值只有在可分解的模型中存在。对于不可分解的模型，必须使用迭代拟合算法来求得最大似然估计值。但是，当今由于有高速强大的计算机，不可分解模型在计算上已经没有劣势了。因此，似乎可分解模型的这一特性已经无关紧要。但是，在研究中涵括列联表分析方法却变得很重要——参看下面的第 2 和第 3 点。

通过历史的发展，将可分解模型的联合概率分解的过程已经从极为复杂变得相当简单，这也反映出数学/统计理论和方法在过去 40 年中的发展。

● Goodman(1971b)基于对卡方统计值的分割，展现了一个非常复杂的联合概率分解过程。

● Darroch et al.(1980) 和 Pearl(1988)提供了一个简易版的 Goodman 算法；正如在 Golumbic(1980)的著作中那样，Khamis & McKee(1997)的定理 2 用"完全顶点消元法"重新

公式化了这一算法。

● Khamis & McKee(1997,第 3 部分)展示了一种相对简单的新算法,它在关联图中采用了单向和双向的箭头。

● 对于可分解的 LLM 的生成因子,McKee & Khamis(1996)介绍了一种新颖且更为简易的算法来分解其联合概率(参看第 6 章第 6 节)。

2. 渐近方差的闭合形式表达式仅仅存在于可分解模型(Lee,1997)。在理论和方法的研究上这一特性很重要,比如在大而疏散的列联表的研究中尤其如此(参看 Fienberg,1979;Koehler,1986)。

3. 可分解模型的条件性 G^2(似然比率)值是简化过的。这点之所以重要,是因为条件性 G^2 值在 LLM 拟合数据时被广泛使用,尤其是在列联表非常疏散(参看 Whittaker,1990 等)以及检验边际同质性和交互的情况下。

4. 可分解的 LLM 是图形的和递归的等级模型[Goodman(1973)将它称为一种特殊的路径分析模型;参看 Wermuth,1980;Wermuth & Lauritzen,1983]。Khamis 和 McKee(1997,第 3 部分)的定理 4 展示了可分解模型是图形模型,由于它可以被定向所以可以有因果解释。大体上,对应弦图的边可以被定向,从而对应因果解释。这些模型在社会科学研究中很重要。

5. 可分解模型比不可分解模型容易解释和分析。这可以在第 6 章中清楚地看到(第 6 章第 7 节)。

对于以上五点,可以看到可分解模型的一些优势在统计方法和分析技巧上有着重要的价值(参看以上 1—3 点)。对

于社会研究者和其他数据分析者，可分解模型的实际优势是
他们与循环模型的关系（以上第 4 点）和他们相对容易的解
释机制（以上第 5 点）。

第 5 节 | **总结**

对于等级 LLM,关联图或者一阶交互图满足顶点＝变量,以及边——阶交互项。可以确认的四类 LLM 是:

Ⅰ. LLM(没有限制)

Ⅱ. 等级 LLM:$\lambda^{\theta} \in$ LLM 意味着对于所有的 $\theta \subset \Theta$, $\lambda^{\theta} \in$ LLM

Ⅲ. 图形 LLM:关联图的最大群 ≡ LLM 生成因子

Ⅳ. 可分解的 LLM:图形模型的关联图是弦图

LLM 的这些种类彼此嵌套: Ⅳ ⊂ Ⅲ ⊂ Ⅱ ⊂ Ⅰ(参看图 4.1)。

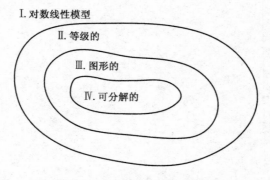

图 4.1　对数线性模型的嵌套等级

以下给出的例子是 LLM 属于给定的类,但不属于更小的类:

Ⅰ. $\log(\mu_{ijkl}) = \lambda + \lambda_i^X + \lambda_j^Y + \lambda_k^Z + \lambda_l^W + \lambda_{ij}^{XY} + \lambda_{ijk}^{XYZ}$:这一模型是非等级的。

Ⅱ. LLM 生成的类是 $[XY][XZ][YZ]$:这一 LLM 是等级的,但是生成因子与关联图的最大群不匹配,因此这一模型不是图形的(参看第 4 章第 2 节"同质关联")。

Ⅲ. LLM 生成的类是 $[AB][BD][CD][AC]$:这是一个图形模型,但是关联图不是弦图,因此这一模型不可分解(参看例 4.3.3)。

Ⅳ. LLM 生成的类是 $[X][Y][Z]$:这一模型是可分解的。

注意,对于关联图在此处的应用,在如何画图是上没有任何区别的。也就是说,顶点可以放在任何方向。但是,有些定位比较容易确认弦形和最大群,尤其是有很多顶点和边要处理时。

对于图形模型的文献早在 1996 年就有综述了,参看 Khamis & McKee(1997)。下一章将讨论可压缩性条件和它们如何与关联图建立联系。

第 **5** 章

可压缩性条件和关联图

　　可压缩性定理表明，当多维列联表中的一个或多个变量被压缩时，哪些关系是可变的，哪些是不可变的。接下来，关联图将简单直观地辅助呈现可压缩性定理的特征。

第 1 节 | 三维列联表的可压缩性

分析三维列联表时,非统计学家常用的方法是通过压缩(或者增加)因子 Z 的层级来研究二维边际表中两个因子 X 和 Y 的关联。人们喜欢用这种方法是因为(a)它可以增加 X 和 Y 的边际表的单元格频数,(b)它简化了分析和解释。但是,正如第 3 章第 3 节强调的那样,两个变量 X 和 Y 的关联是由 $\{\lambda_{ij}^{XY}\}$ 测量的,在 X—Y 边际表和 X—Y 部分表中,可能相同,也可能不同。为了说明这一点,考虑以下的例子。

例 **5.1.1** Rodenhauser, Schwenkner & Khamis(1987)研究了代顿精神健康中心病人拒绝药物治疗的相关因素。为了确定拒绝治疗和精神诊断是否有关系,需要研究表 5.1 给出的 2×2 表。

表 **5.1** 421 名代顿市精神健康中心病人拒绝药物和精神诊断的交叉分类

拒绝药物	诊断为精神病	
	是	否
是	115	32
否	192	82

注:参看例 5.1.1。
资料来源:Rodenhauser et al.(1987)。

对于这个表格,估计的比值比是 $\hat{\alpha} = 1.53$,95% 的置信

区间是 [0.96, 2.5]。没有足够有力的证据表明拒绝药物和精神病在 0.05 显著度上相关。

　　如果数据分为两组,一组人被诊断为人格障碍,另一组没有,我们得到如表 5.2 所示的 $2 \times 2 \times 2$ 表格。对于两组人格障碍的样本,其比值比是 $\hat{\alpha}_{人格障碍} = 1.04$(95% 置信区间 [0.6, 1.8]),$\hat{\alpha}_{非人格障碍} = 5.6$(95% 置信区间 [1.6, 19.5])。三向表格展示的拒绝药物与精神病关系和前面的截然不同:对于那些有人格障碍的人,拒绝药物和精神病之间没有关系,但是对于那些没有人格障碍的人,拒绝药物和精神病之间有统计上显著的关系(相对精神病人,拒绝药物样本比值是非精神病人的 5.6 倍)。

表 5.2　421 名代顿市精神健康中心病人人格障碍、
拒绝药物和精神病诊断的交叉分类

诊断为人格障碍	拒绝药物	诊断为精神病	频数
是	是	是	54
		否	29
	否	是	102
		否	57
否	是	是	61
		否	3
	否	是	90
		否	25

注:参看例 5.1.1。
资料来源:Rodenhauser et al.(1987)。

　　以上的例子说明边际表中的关系可能会与部分表中的关系很不相同。是否要在边际表中分析 $X-Y$ 的部分关联取决于 X、Y 和 Z 的结构关联。事实上,部分表中的关联方向很有可能与边际表相反。这种现象叫做辛普森悖论(参看

Simpson, 1951; 参看 Good & Mittal, 1987, 了解其背景)。

　　甚至被誉为最高智商记录的专栏作家玛丽莲·沃斯·莎凡特(Marilyn vos Savant)都对辛普森悖论感到困惑。在她的每周专栏里, 她展示了如下表格(括号中是治愈率):

		试验 1		试验 2	
		已治愈		已治愈	
		是	否	是	否
治疗	A	40(0.20)	160	85(0.85)	15
	B	30(0.15)	170	300(0.75)	100

		联合试验 1 和试验 2	
		已治愈	
		是	否
治疗	A	125(0.42)	175
	B	330(0.55)	270

　　哪种治疗在治愈率上表现更好? Marilyn vos Savant (1996)回应道, 治疗方案 B 更好, 因为在联合表中, 治疗方案 B 的治愈率更高。但是, 联合表违反了压缩条件, 因此产生的是虚假关系。事实上, 治疗方案 A 更好, 因为在两个实验中它都有更高的治愈率。这就是辛普森悖论的一个例子。

　　下面这个例子给出的是一个真实数据对此的解释。

　　例 5.1.2　表 5.3 给出的是 Radelet & Pierce(1991)提供的数据。数据是关于佛罗里达州 1976 至 1987 年间 674 个涉嫌谋杀起诉的被告。(为了说明上述观点, 我们仅仅在以下讨论中检查样本的比值比, 而不进行复杂的正式推理过程。)对于黑人和白人受害者, 被告的种族和被判死刑的关联, 用估计的比值比测量, 分别是 $\hat{\alpha}_{白人受害者} = 0.43$ 和 $\hat{\alpha}_{黑人受害者} = 0.0$,

表明不管受害者的种族是什么，黑人被告更大比例地被判处死刑。表 5.4 包含了受害者种族的压缩表。在这个压缩表里，$\hat{\alpha} = 1.45$，表明白人被告更大比例地被判处死刑。哪个是真实的呢？事实是，黑人被告比白人被告更大比例地被判处死刑。原因是，由表 5.3 压缩得到的表 5.4 违反了压缩条件。

表 5.3　674 名谋杀案被告与受害者种族、被告种族和被判处死刑的交互表

受害者种族	被告种族	被判处死刑	频　数
白人	白人	是	53
		否	414
	黑人	是	11
		否	37
黑人	白人	是	0
		否	16
	黑人	是	4
		否	139

注：参看例 5.1.2。
资料来源：Radelet & Pierce(1991)。

表 5.4　压缩表 5.3 中被害者种族得到的边际表

被告种族	被判处死刑	频数
白人	是	53
	否	430
黑人	是	15
	否	176

在 Wagner(1982)和 Agresti(2002，第 2 章)中可以发现其他用真实数据解释辛普森悖论的例子。

第 2 节 | 压缩性定理和关联图

在这一章中，我们关注的是参数压缩性：对于特定的对数线性模型（LLM）的 λ 项，当在原始序列中特定的 λ 项等于对应 LLM 约简序列中的相同 λ 项时，也就是当对应变量的部分关联等于边际关联时，变量的分类总体被称为是可压缩的。（这与"P 压缩性"相反，其定义是基于概率和在压缩中的恒定性——参看 Asmussen & Edwards，1983，其中介绍了关联图中 P 压缩性的充分和必要条件；也可参看 Khamis & McKee，1997，第 1.4 部分）。作为参数压缩性的一个例子，可以考虑联合独立模型 $[X][YZ]$，LLM 是

$$\log(\mu_{ijk}) = \lambda + \lambda_i^X + \lambda_j^Y + \lambda_k^Z + \lambda_{jk}^{YZ}$$

很快就可以看到，对于 $\{\lambda_{jk}^{YZ}\}$ 项，变量 X 是可压缩的。也就是，$\{\lambda_{jk}^{YZ}\}$ 项在以上的模型中等同于压缩 X 层级得到 LLM 二向列联表中的 λ_{jk}^{YZ} 项，

$$\log(\mu_{jk}) = \lambda + \lambda_j^Y + \lambda_k^Z + \lambda_{jk}^{YZ}$$

$\{\lambda_{jk}^{YZ}\}$ 项是用比值比测量 Y—Z 关联的，因此我们说在三向表（部分关联）中 Y 和 Z 之间的关联等同于其在 Y—Z 两向表（边际关联）中的关联。部分关联不等同于边际关联的一个例子是同质性关联模型，$[XY][XZ][YZ]$。如果我们将

这个模型中 X 的层级分解,那么 $\{\lambda_{jk}^{YZ}\}$ 项可能会在约简表中发生改变。因此,对于 $Y—Z$ 关联,X 是不可分解的。(进一步的讨论和证明,参看 Bishop et al.,1975,第 2.4 部分)

压缩性定理

压缩性定理给出了使变量可压缩的条件。表 5.5 给出了有三个变量的五种结构关联(参看第 3 章第 2 节第 1—5 部分)的可压缩条件。注意,对于同质性关联和饱和模型,没有一阶交互 λ 项是对压缩恒定的。但是,对于联合独立和相互独立模型,所有的一阶交互 λ 项对压缩都是恒定的。

表 5.5   对于三分类变量 X、Y 和 Z 的参数压缩性条件

模　　型	分解的层级	保留的关联
$[X][Y][Z]$	a	a
$[X][YZ]$	a	a
$[XZ][YZ]$	X	$Y—Z$
	Y	$X—Z$
	Z	无
$[XY][XZ][YZ]$	b	b
$[XYZ]$	b	b

注:a. 变量层级分解没有影响结果边际表中其他两个变量关联。
　b. 变量层级分解可能会扭曲结果边际表中其他两个变量关联。

据 Bishop(1971:549)所说,

如果通过增加一个与 k 个其他变量相关的变量来分解一个表,那么与这些变量相关的 k-因子和低阶效应可能会在约简表中改变。相反,涉及其他变量的效应不会被分解影响。

至于关联图,可以被解释为(参看 Agresti,2002:360):

把变量(关联图中的顶点)分割成三对分离的子集 S、T 和 V,其中,S 分离 T 和 V(参看第 4 章第 1 节第 2 部分)。然后,对于分解的变量 T,所有与 V 变量相关的 λ 项和所有连接 S 变量和 V 变量的相关 λ 项都保持不变。

第 4 章第 1 节第 2 部分中曾提到关联图的分割对应于条件独立。Bishop(1971)上面论述中提到的 k 个变量的集合就是被称为 S 的变量集合。这个集合 S 分割了两个集合 T 和 V。因此,在 S 变量的条件下,T 变量和 V 变量是独立的。简单来说就是,

$$\text{条件独立} \longrightarrow \text{压缩性}$$

注意,根据以上条件,λ 项包含了被 S 排除在外且对分解不恒定的变量。以下给出一些说明的例子。

例 5.2.1 考虑条件独立模型,$[XZ][YZ]$。关联图如下:

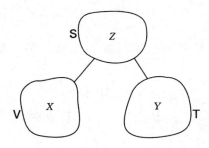

注意,Z 分割了 X 和 Y:S = {Z},V = {X},并且 T =

$\{Y\}$。我们在不影响 λ^X 或者 λ^{XZ} 的情况下可以压缩 Y 的层级。我们也可以在不影响 λ^Y 或者 λ^{YZ} 的情况下压缩 X 的层级。也就是说,因为 X 在 Z 的条件下独立于 Y,X 可以被压缩而不影响 $Y—Z$ 参数的关系。相似地,Y 可以被压缩而不影响 $X—Z$ 参数的关系。

例 5.2.2 考虑例 4.3.6 中的 LLM,有生成类 $[ARME]$ $[AMET]$。下面给出的关联图是压缩过的。这里,我们可以压缩 R 而保留 T 和其他变量之间的关系(λ^{TA}、λ^{TE}、λ^{TM}、λ^{TAM} 等等)。我们也可以压缩 T 而保留 R 和其他变量之间的关系(λ^{RM}、λ^{RA},等等)。但是,A、M 和 E 之间的关联不再保留;也就是说,λ^A、λ^M、λ^E、λ^{AM}、λ^{AE}、λ^{ME} 和 λ^{AME} 在压缩中不是恒定的。

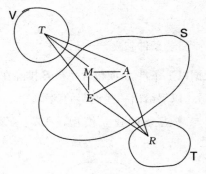

注意,关联图的变量压缩不是唯一的。考虑下面的例子。

例 5.2.3 考虑例 4.3.7 中的关联图,有生成类 $[AC]$ $[AM][CM][AG][AR][GR]$。这个模型的关联图是:

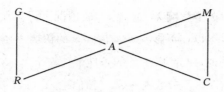

这里，我们可以选择 $S = \{A\}$，$V = \{G, R\}$，并且 $T = \{M, C\}$。然后压缩 M 和 C，保留 λ^{AG}、λ^{AR} 和 λ^{GR}，或者我们可以压缩 G 和 R，保留 λ^{AC}、λ^{AM} 和 λ^{CM}。另外，我们可以选择 $S = \{A, M\}$，$V = \{G, R\}$，并且 $T = \{C\}$。然后压缩 C 或者 G 和 R，保留所有除 λ^{AM} 之外的其他一阶交互 λ 项。

第 3 节 ｜ 结论

接下来描述的是压缩定理的几个结果，以及它们与关联图的联系：

● 非局部关联模型：如果 LLM 中呈现所有的一阶交互项，那么关联图就是一个完整的图，没有分割的可能性。因此，压缩任何的变量都有可能影响其他所有的 λ 项。比如说，下面的关联图是完整的，因此不可能压缩因子（顶点）到集合 S、V 和 T 使得 S 分割 V 和 T。

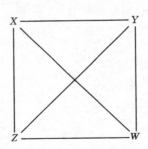

● 局部关联模型：如果 LLM 中两个变量的一阶交互项是缺失的（根据层级原则，这就意味着所有高阶关联是缺失的），那么关联图中连接两个变量的边就是缺失的。在这种情况下，模型中的两个变量可以被其他的变量分割。举例来说，把上面图中连接 X 和 W 的边去掉，产生下面的图。这个

图表示 X 和 W 是条件独立于 Y 和 Z 的。因此，X 可以被压缩而不影响 λ^{XZ}，λ^{XY}，或 λ^{XYZ}；或者 W 可以被压缩而不影响 λ^{XZ}，λ^{XY}，或 λ^{XYZ}。

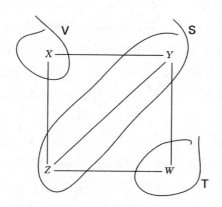

● 如果一个变量独立于其他所有变量，那么它就构成了关联图中一个独立的成分，它的类别可以在不影响其他 λ 项的情况下被归纳总结。在下面的关联图中，W 独立于 X、Y 和 Z，因此，它可以被压缩而不影响涉及 X、Y 和 Z 的 λ 项。

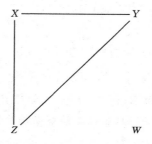

● 压缩定理是压缩一个变量层级的充分但不必要条件。也就是说，条件独立（关联图中的分割）是压缩的充分但不必

要条件。更多的讨论，参看 Fienberg(1981，第 3.8 部分)和 Agresti(2002:398)。

● 正如上面例 5.2.3 里看到的，构建局部的 S、V 和 T 有很多选择，从而决定哪些变量是可压缩的，哪些 λ 项是保留的。总的来说，我们可以选择最能有效解决研究问题和兴趣的选项。最好是在创建的局部中使得 S 包含最少的因子。这是因为，根据压缩定理，包含仅存在于 S 中的因子的 λ 项，对于 V 或 T 中的因子压缩不是不变的。因此，最小化 S 中的因子也就最小化了受压缩影响的关联。

例 5.3.1　最后一个例子考虑的是例 4.3.7 中代顿高中的调查。表 5.6 给出了完整的数据结构。这里，$A =$ 酒精使用，$C =$ 香烟使用，$M =$ 大麻使用，$G =$ 性别，$R =$ 种族。 例 4.3.7 中考虑的 LLM 的生成类是$[AC][AM][CM][AG][AR]$ $[GR]$。这个 LLM 的关联图是：

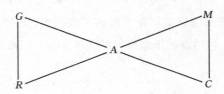

这里有很多压缩的选项：$S=\{A\}$，$S=\{A, M\}$，$S=\{A, C\}$，$S=\{A, G\}$，或 $S=\{A, R\}$。 选择 $S=\{A\}$，任何可能的压缩都不会对一阶交互项产生影响，但是其他任一选择都可能导致仅包含于 S 的变量的一阶交互项失真。

如果研究的兴趣是酒精使用、香烟使用和大麻使用之间的关系，那么可以通过压缩性别和种族来增加结论的适用范围和估计值的稳定性。最终选择 $S=\{A\}$，我们可以压缩性别和种族来稳妥地研究 C、M 和 A 之间的关系。

表 5.6　基于酒精使用、香烟使用、大麻使用、性别和

种族的 2 276 个非城市高三学生交互表

酒精使用 (A)	香烟使用 (C)	大麻使用 (M)	种族 (E)	性别(G)	
				女	男
是	是	是	白人	405	453
			其他	23	30
		否	白人	268	228
			其他	23	19
	否	是	白人	13	28
			其他	2	1
		否	白人	218	201
			其他	19	18
否	是	是	白人	1	1
			其他	0	1
		否	白人	17	17
			其他	1	8
	否	是	白人	1	1
			其他	0	0
		否	白人	117	133
			其他	12	17

注:参看例 5.3.1。

资料来源:莱特州立大学布恩绍夫特医学院和俄亥俄州代顿市联合健康服务中心 1992 年调查。

　　在分析和解释给定层级 LLM 时,关联图可以发挥很好的效果,尤其是在确定可分解性、寻找条件独立,以及确定压缩条件等方面。它也可以用来在可分解的 LLM 中取得联合概率的闭合因式分解,但是这一过程非常复杂(参看,如 Khamis & McKee, 1997)。下一章要介绍的是生成多重图,它可以作为解释和分析 LLM 的一种替代图技术。

第 **6** 章

生成多重图

生成多重图，一般简称为多重图，可以用来构建等级的对数线性模型（LLM），在此之后我们可以使用图论的原理来分析和解释这个模型。多重图是关联图的一种有力替代工具，可以用来分析和解释等级对数线性模型。

第 1 节 | **构建多重图**

多重图是一种数学图,多重图中的两个顶点之间可以包含多于一条的边。在现有的应用中,数学图可以这样构建:顶点是 LLM 生成类的生成因子,连接两个生成因子的边的数量与两个生成因子所共享的指数数量相等(也就是说,两个指数集合的交集包含的指数数量,与连接两个生成因子的边的数量相对应)。简而言之,给定 LLM 的生成图应该包含下列内容:

顶点集合 = 生成类的生成因子

多重边集合 = 边的数量与两个生成因子共享的指数数量相等

第 2 节 │ 三维表格的多重图

我们现在试着为一个三维列联表中的五个 LLM 构建各自的多重图(参见第 4 章第 2 节中关于关联图的讨论)。

相互独立: $\log(\mu_{ijk}) = \lambda + \lambda_i^X + \lambda_j^Y + \lambda_k^Z$

生成类是 $[X][Y][Z]$。多重图的顶点是与模型生成因子相对应的指数,X、Y 和 Z,由于各顶点并不共享指数,所以本图中没有边,因此,这个生成类的多重图如下所示:

$$X$$

$$Y \qquad Z$$

请注意这个多重图与第 4 章第 2 节"相互独立"部分中的关联图完全一致。

联合独立: $\log(\mu_{ijk}) = \lambda + \lambda_i^X + \lambda_j^Y + \lambda_k^Z + \lambda_{jk}^{YZ}$

这个 LLM 的生成类是 $[X][YZ]$。多重图如下:

$$X \qquad\qquad\qquad YZ$$

由于这两个顶点 X 和 YZ 并不共享指数,因此这个图中没有边。

条件独立:$\log(\mu_{ijk}) = \lambda + \lambda_i^X + \lambda_j^Y + \lambda_k^Z + \lambda_{ik}^{XZ} + \lambda_{jk}^{YZ}$

生成类是 $[XZ][YZ]$,多重图如下:

$$XZ \textrm{————————} YZ$$

由于两个顶点共享一个指数 Z(亦即,$\{X,\ Z\}$ 与 $\{Y,\ Z\}$ 的交集是 $\{Z\}$),因此有一条边把两者连接起来。

同质关联:$\log(\mu_{ijk}) = \lambda + \lambda_i^X + \lambda_j^Y + \lambda_k^Z + \lambda_{ij}^{XY} + \lambda_{ik}^{XZ} + \lambda_{jk}^{YZ}$

生成类是 $[XY][XZ][YZ]$,多重图如下:

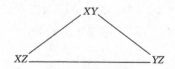

在这里,每对顶点共享一个指数,因此每对顶点间有一条边相连。

饱和模型:$\log(\mu_{ijk}) = \lambda + \lambda_i^X + \lambda_j^Y + \lambda_k^Z + \lambda_{ij}^{XY} + \lambda_{ik}^{XZ} +$
$\lambda_{jk}^{YZ} + \lambda_{ijk}^{XYZ}$

生成类是 $[XYZ]$。多重图是

$$XYZ$$

在这里,多重图只有一个顶点:XYZ。

第 3 节 | 多维表的多重图

本节将讨论为例 4.3.1—4.3.8 所构建的多重图。

例 6.3.1　考虑拥有生成类 $[ABC][BD][CD]$ 的 LLM。这三个生成因子，$[ABC]$、$[BD]$ 和 $[CD]$，组成了多重图的三个顶点。$\{B\}$ 是 $[ABC]$ 和 $[BD]$ 所共享的指数，因此这两个顶点由一条边相连。类似地，$\{C\}$ 是 $[ABC]$ 和 $[CD]$ 所共享的指数，因此这两个顶点由一条边相连。最后，$\{D\}$ 是 $[BD]$ 和 $[CD]$ 所共享的指数，因此这两个顶点由一条边相连。因此生成类 $[ABC][BD][CD]$ 的多重图如下：

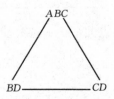

例 6.3.2　考虑拥有生成类 $[ABC][BD]$ 的 LLM，只有指数 $\{B\}$ 是两个生成因子所共享的，因此这个生成类的多重图如下：

$$ABC \text{————} BD$$

例 6.3.3　考虑生成类 $[AB][BD][CD][AC]$，多重图

如下：

例 6.3.4 考虑生成类 $[AS][ACR][MCS][MAC]$，多重图如下：

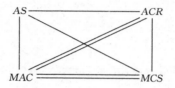

请注意，这里 $[ACR]$ 和 $[MAC]$ 共享两个指数，因此这两个顶点由两条边相连。类似地，$[MAC]$ 和 $[MCS]$ 也共享两个指数，因此这两个顶点也是由两条边相连。

例 6.3.5 考虑生成类 $[ABCD][ACE][BCG][CDF]$，多重图如下：

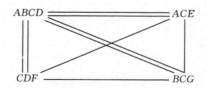

构建如上图所示较为复杂的 LLM 的多重图时，列举每对顶点所共享的指数往往会有帮助。在本例中，我们可以列举这六对顶点及每对顶点所共享的指数：

成对的顶点	两个顶点的共享指数	边数
$[ABCD]$, $[ACE]$	A, C	2
$[ABCD]$, $[BCG]$	B, C	2
$[ABCD]$, $[CDF]$	C, D	2
$[ACE]$, $[BCG]$	C	1
$[ACE]$, $[CDF]$	C	1
$[ACG]$, $[CDF]$	C	1

例 6.3.6 这个例子使用 Edwards & Kreiner(1983)在哥本哈根的社会研究所得到的数据(参见表 4.1)。作者们考虑的 LLM 拥有生成类$[ARME]$和$[AMET]$。这两个生成因子之间共享三个指数,A、M 和 E,因此这个模型的多重图如下:

$$ARME \equiv\!\!\equiv\!\!\equiv AMET$$

例 6.3.7 本例包含了莱特州立大学和联合健康服务中心关于高三学生饮酒、吸烟和大麻使用的研究(参见表 4.2)。最适用的模型包含生成类$[AC][AM][CM][AG][AR][GR]$。本模型的多重图如下:

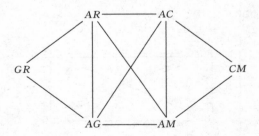

对于这个特定 LLM 而言,关联图比多重图更容易操作。

例 6.3.8 考虑这样一个生成类(使用数字 0—9 表示 10 个分类变量):$[67][013][125][178][1347][1457][1479]$,则

多重图如下：

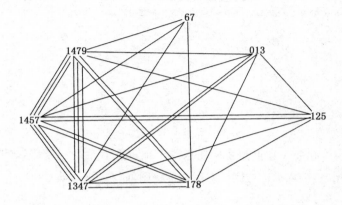

这个多重图并不比例 4.3.8 中的关联图要简单（看起来反而更为复杂）。但是，我们将看到，从应用角度而言，分析这个多重图要比分析其关联图容易很多。

第 4 节 ┃ 最大生成树

由每个顶点到其他任意一个顶点都有至少一条路径的图，我们称为连接图。左图是连接图，而右图则不是。

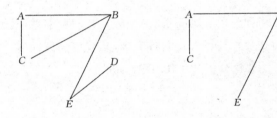

没有包含图中顶点的回路的连接图，我们称之为树。上图中左图不是树，因为 A、B 和 C 构成了一个回路，上图中右图也不是树，因为它不是连接图。下图是一个树。

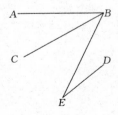

对于一个多重图而言，我们称所有边的数量之和最大为最大生成树。最大生成树并不特殊；它们永远存在，一般很

容易区分出来。Kruskal(1956)的算法是使用依次选择边最多的多重边来得到最大生成树，所以不会形成回路，而所有的节点都被包含进来。最大生成树中的因子指数(联系起来的两个顶点所共用的指数)的集合族被称为这个树的分支。使用图示法的话，考虑下列多重图：

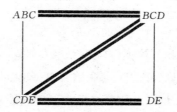

这个多重图中唯一可能存在的树是连接顶点 ABC 和 BCD 的双重边；在多重图中用粗体表示出来的指数 B 和 C 是两个顶点所共用的指数。因此这个树是一般的最大生成树，拥有分支集合$\{\{B, C\}\}$。

以下多重图中有不止一棵树可选，但只有一个是最大生成树。换言之，只有一个树拥有最多边。

```
ABC ━━━━━━━━━━━━ BCD
 ┃          ╱╱    ┃
 ┃        ╱╱      ┃
 ┃      ╱╱        ┃
 ┃    ╱╱          ┃
CDE ━━━━━        DE
```

在选择最大生成树的过程中，一般选择拥有最多边的多重边，以此来避免出现回路，并把所有顶点包括进来。在这个多重图中，最大生成树用粗体表示。分支集合是$\{\{B, C\}, \{C, D\}, \{D, E\}\}$。

在下面这个多重图中，最大生成树不是唯一的。

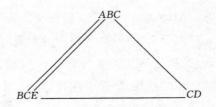

的确,连结 ABC 和 BCE 的多重边理应被包含在最大生成树中,但把任意一个单边包含进来都可以完成这棵树。无论把哪一条单边包括进来,请注意分支集合是 $\{\{B, C\},\{C\}\}$。

下面我们会讨论例 6.3.1—例 6.3.8 的所有最大生成树。

例 6.4.1　生成类是 $[ABC][BD][CD]$,多重图如下:

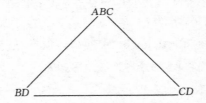

在本例中有三个可能的生成树:

1. 联结 $[ABC]$ 和 $[CD]$ 与联结 $[CD]$ 和 $[BD]$ 的边
2. 联结 $[CD]$ 和 $[BD]$ 与联结 $[BD]$ 和 $[ABC]$ 的边
3. 联结 $[ABC]$ 和 $[BD]$ 与联结 $[ABC]$ 和 $[CD]$ 的边

由于每个生成树都有 2 的重数(亦即,每个可能性中,总边数是 2),这三种选择中的每一个都是最大生成树。在本例中,最大生成树并不唯一。我们使用两个顶点所共用的指数族区分这三个最大生成树,称之为分支集合,分别是:$(1)\{\{C\},\{D\}\}$;$(2)\{\{D\},\{B\}\}$;$(3)\{\{B\},\{C\}\}$。在下面的多重图中,每条边都被标上了两个顶点被联结所共用的指数,而粗体字标出来的则是被确定为最大生成树的边。最大生成树的分支是$\{\{B\},\{C\}\}$。

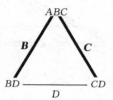

例 6.4.2　生成类是$[ABC][BD]$。一般地,最大生成树是包含联结着$[ABC]$和$[BD]$的单独边的树(对应指数 B)。

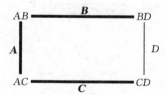

例 6.4.3　生成类是$[AB][BD][CD][AC]$。本例中我们有四种最大生成树的选择,每一个重数都为 3。下图是其中一种选择,分支为$\{\{A\},\{B\},\{C\}\}$：

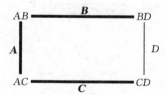

例 6.4.4　生成类是$[AS][ACR][MCS][MAC]$。本例中双重边是$\{\{A\},\{C\}\}$和$\{\{M\},\{C\}\}$,由于其重数为 2,必须被包含在最大生成树中。为了把顶点$[AS]$包含进来,我们需要一条把它连接到$[MAC]$,$[ACR]$,或$[MCS]$的边。选择第一个的话,最大生成树的分支是$\{\{A,C\},\{M,C\},$

{A}};请见下图：

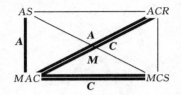

例 6.4.5   生成类是[ABCD][ACE][BCG][CDF]。本例中我们有一个特殊的最大生成树,{{A,C},{B,C},{C,D}},包含6条边。

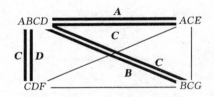

例 6.4.6   生成类是[ARME]和[AMET]。本例的最大生成树一般地仅有一个分支{{A,M,E}}。

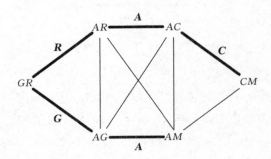

例 6.4.7   生 成 类 是[AC][AM][CM][AG][AR][GR]。本模型的多重图如下：

本例中最大生成树有多种选择;图示是其中一例。分支集合为{{C}, {A}, {R}, {G}, {A}}。请注意这个分支集合是一个多重集,因为一些元素可以出现超过一次。这个分支集合的重数为5。

例6.4.8 生成类是[67][013][125][178][1347][1457][1479]。这个多重图有许多可选的最大生成树,下图所示是一例,最大生成树的分支以粗体表示。分支是{{1,4,7}, {1,4,7}, {1,7}, {1,3}, {1,5}, {7}}。

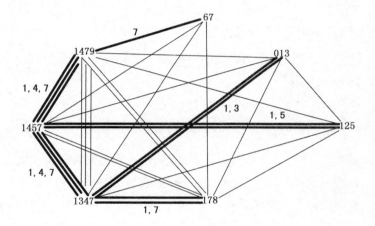

第 5 节 | **可分解性**

McKee & Khamis(1996,定理 1)表明,当且仅当添加到多重图顶点的指数数量减去添加到多重图中任何最大生成树分支的指数数量等于列联表的维度时,一个层级 LLM 可分解。也就是说,当且仅当

因子的数量＝ 添加到顶点的指数数量－添加到分支的指数数量

LLM 可分解。

用记号表示,我们可以把组合恒等式表达如下:

$$d =| \text{V} |-| \text{B} | \qquad [6.1]$$

其中,d 是列联表中因子的数量,V 表示最大生成树顶点集合的一组指数,B 代表分支集中的多重集指数,而$|\text{V}|$和$|\text{B}|$分别代表 V 和 B 的基数。

我们将回顾每个实例,从例 6.4.1 到例 6.4.8,并且将确定是否该模型是可分解的。在每种情况下,我们会使用第 6 章第 4 节中得出的有最大生成树的多重图。

例 6.5.1 生成类$[ABC][BD][CD]$。

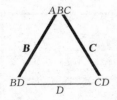

这是一个有$\{A, B, C, D\}$因子四维列联表的 LLM，因此 $d = 4$。 这个多重图选择的最大生成树有分支$\{\{B\}, \{C\}\}$。所以分支的指数总数为 $1 + 1 = 2$。 顶点的指数数量为 $3 + 2 + 2 = 7$。 这两个数的差数是 $7 - 2 = 5$。 但是在该模型中涉及四个因素。添加到多重图顶点的指数数量（即，7）减去添加到多重图中任何最大生成树分支的指数数量（即，2）不等于列联表的因子数，也就是说，$7 - 2 \neq 4$。 因此，这个模式不可分解。下面给出计算的表格；模型要可分解，以粗体显示的两个数字必须一致。

添加到顶点的 指数数量	添加到分支的 指数数量	差数	因子数	可分解?
7	2	**5**	**4**	否

例 6.5.2 生成类$[ABC][BD]$。

$$ABC \quad \overset{\textbf{\textit{B}}}{\rule{3cm}{0.8pt}} \quad BD$$

这是有$\{A, B, C, D\}$因子的四维表。这里只有一个分支：$\{B\}$。因此我们有

添加到顶点的 指数数量	添加到分支的 指数数量	差数	因子数	可分解?
5	1	**4**	**4**	是

例 6.5.3 生成类$[AB][BD][CD][AC]$。

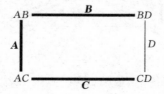

这是一个有$\{A，B，C，D\}$因子的四维表。分支是$\{\{A\}，\{B\}，\{C\}\}$。这个 LLM 是不可分解的。

添加到顶点的指数数量	添加到分支的指数数量	差数	因子数	可分解？
8	3	**5**	**4**	否

例 6.5.4 生成类$[AS][ACR][MCS][MAC]$。

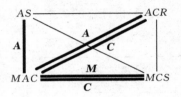

这是一个有$\{A，C，M，R，S\}$因子的五维表。我们用最大生成树的分支$\{\{A，C\}，\{C，M\}，\{A\}\}$。这个 LLM 是不可分解的。

添加到顶点的指数数量	添加到分支的指数数量	差数	因子数	可分解？
11	5	**6**	**5**	否

例 6.5.5 生成类$[ABCD][ACE][BCG][CDF]$。

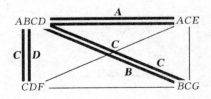

这是一个有$\{A，B，C，D，E，F，G\}$因子的七维表。这里，有唯一的最大生成树，$\{\{A，C\}，\{B，C\}，\{C，D\}\}$，

包含六条边。这个 LLM 是可分解的。

添加到顶点的 指数数量	添加到分支的 指数数量	差数	因子数	可分解？
13	6	**7**	**7**	是

例 6.5.6 生成类 $[ARME][AMET]$。

$$ARME \overset{\textstyle A, M, E}{=\!=\!=\!=\!=\!=} AMET$$

这是一个有 $\{A, E, M, R, T\}$ 因子的五维表。一般来说，在这种情况下，最大生成树有一个分支为 $\{\{A, M, E\}\}$ 的三边。这个 LLM 是可分解的。

添加到顶点的 指数数量	添加到分支的 指数数量	差数	因子数	可分解？
8	3	**5**	**5**	是

例 6.5.7 生成类 $[AC][AM][CM][AG][AR][GR]$。

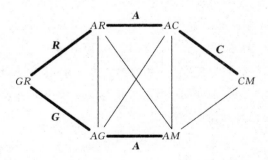

这是一个有 $\{A, C, G, M, R\}$ 因子的五维表。最大生成树的分支是 $\{\{C\}, \{A\}, \{R\}, \{G\}, \{A\}\}$。这个 LLM 是不可分解的。

添加到顶点的 指数数量	添加到分支的 指数数量	差数	因子数	可分解?
12	5	**7**	**5**	否

例 6.5.8　生成类[67][013][125][178][1347][1457][1479]。这是一个有因子{0,1,2,3,4,5,6,7,8,9}的十向表。回想例 6.4.8 的分支集是{{1,4,7},{1,4,7},{1,7},{1,3},{1,5},{7}}。参看例 6.4.8 的多重图和最大生成树。这个 LLM 是可分解的。

添加到顶点的 指数数量	添加到分支的 指数数量	差数	因子数	可分解?
23	13	**10**	**10**	是

　　值得注意的是,可分解性可以很容易地在多重图中进行测定,即通过应用 6.1 公式的简单组合恒等式。在例 6.5.1 到例 6.5.8 中,LLM 可分解的是例 6.5.2、6.5.5、6.5.6 和 6.5.8,这与利用关联图在例 4.3.1 到例 4.3.8 中做出的结论一致。回想一下,使用关联图,如果 LLM 是图形的(即关联图的最大群组≡生成类的生成因子)且关联图是弦图(即长度为四的每一个循环有一条弦),则 LLM 是可分解的。总之,对于关联图,图形的+有弦的=可分解。例 4.3.8 显示出,使用关联图测定一个 LLM 的可分解性相当复杂,而用多重图(见例 6.5.8)要相对直观和容易些。

第 6 节 | 分解可分解 LLM 的联合概率

可分解 LLM 的一个特性是，列联表的联合分布可以在闭合形式下被分解。事实上，因式分解涉及边际概率对 LLM 生成因子指数的标引（即边际概率的指数来自于 LLM 的生成因子）。下面将更加精确地论述。

考虑包含 d 个因子的列联表。让 $P[l_1, l_2, \cdots, l_d]$ 代表一个主体在第一个因子水平 l_1 的概率，在第二个因子水平 l_2 的概率，……，和在第 d 个因子水平 l_d 的概率。如果 S 是集合 $\{1, 2, \cdots, d\}$ 指数的任意子集，那么 p_S 表示当所有其他指数相加，S 中包含指数的边际概率。作为一个例子，考虑一个有因子 $\{A, B, C, D\}$ 的四向表。这里，A 是第一个因子，B 是第二个因子，依此类推。如果要考虑的 LLM 是 $[ABC][BCD]$，那么在最大生成树中有一个单独的分支（双边）：$\{B, C\}$。多重图和最大生成树在这里给出：

所以 $V = \{\{A, B, C\}, \{B, C, D\}\}$，$B = \{B, C\}$。然后，若 $S = \{B, C\}$，$p_S = p_{+_{l_2 l_3}+}$；这代表了压缩因子 A 和 D 的层级后，因子 B 水平 l_2 和因子 C 水平 l_3 在边际二向表中

的概率。类似地,如果 $S=\{A,B,C\}$,那么 $p_S=p_{l_1l_2l_3+}$ 分别是因子 A、B 和 C 在水平 l_1、l_2 和 l_3 的边际概率。(因子 D 的层级被求和或被压缩。)

McKee & Khamis(1996,定理 2)表明,对于一个可分解的模型,其联合概率 $P[l_1,l_2,\cdots\cdots,l_d]$ 可以被分解如下:

$$P[l_1,l_2,\cdots\cdots,l_d]=\frac{\prod\limits_{S\in V} p_S}{\prod\limits_{S\in B} p_S} \qquad [6.2]$$

也就是说,分子是边际概率的乘积,其指数来自于 LLM 的生成因子(因此,分子中的因子数等于模型生成类中的生成因子数);分母是边际概率的乘积,其指数来自最大生成树的分支(因此,分母中的因子数等于多重图中最大生成树的分支数)。举例来说,考虑上面讲到的模型,$[ABC][BCD]$。最大生成树的一个分支一般有两条边:$\{B,C\}$。该模型是可分解的是因为 $6-2=4$,并且在列联表中有四个因子。联合概率的分解是

$$P[l_1,l_2,l_3,l_4]=\frac{\prod\limits_{S\in\{\{A,B,C\}\{B,C,D\}\}} p_S}{\prod\limits_{S\in\{\{B,C\}\}} p_S}=\frac{p_{l_1l_2l_3+}p_{+l_2l_3l_4}}{p_{+l_2l_3+}}$$

请注意,在分子中,第一个因子的指数 l_1、l_2 和 l_3 对应于生成因子 $[ABC]$ 的指数,第二个因子的指数 l_2、l_3 和 l_4 对应于生成因子 $[BCD]$ 的指数;在分母中,指数 l_2 和 l_3 对应于分支 $\{B,C\}$ 中的指数。

下面将考虑例 6.5.1 到例 6.5.8。那些可分解的模型,将使用上面的公式 6.2 以闭合形式来分解联合概率。

例 6.6.1 生成类:$[ABC][BD][CD]$。LLM 是不可分

解的。

例 6.6.2　生成类：$[ABC][BD]$。这里，$V = \{\{A,B,C\}, \{B,D\}\}$，并且 $B = \{B\}$。这个模型的联合概率是

$$P[l_1, l_2, l_3, l_4] = \frac{\prod\limits_{S \in \{\{A,B,C\}\{B,D\}\}} p_S}{\prod\limits_{S \in \{B\}} p_S} = \frac{p_{l_1 l_2 l_3 +} p_{+l_2 + l_4}}{p_{+l_2 ++}}$$

例 6.6.3　生成类：$[AB][BD][CD][AC]$。LLM 是不可分解的。

例 6.6.4　生成类：$[AS][ACR][MCS][MAC]$。LLM 是不可分解的。

例 6.6.5　生成类：$[ABCD][ACE][BCG][CDF]$。这是一个有因子 $\{A,B,C,D,E,F,G\}$ 的七向表。最大生成树是 $\{\{A,C\}, \{B,C\}, \{C,D\}\}$。然后，$V = \{\{A,B,C,D\}, \{A,C,E\}, \{B,C,G\}, \{C,D,F\}\}$，并且 $B = \{\{A,C\}, \{B,C\}, \{C,D\}\}$。这个模型的联合概率是

$$P[l_1, l_2, l_3, l_4, l_5, l_6, l_7] = \frac{p_{l_1 l_2 l_3 l_4 +++} p_{+l_3 + l_5 ++} p_{+l_2 l_3 +++ l_6} p_{++l_3 l_4 + l_6 +}}{p_{l_1 + l_3 ++++} p_{+l_2 l_3 ++++} p_{++l_3 l_4 +++}}$$

例 6.6.6　生成类：$[ARME][AMET]$。这是一个有因子（按字母顺序列出）$\{A,E,M,R,T\}$ 的五向表。这里，A、E、M、R 和 T 分别为第一、第二、第三、第四和第五个因素。一般地，最大生成树在这种情况下有一个分支：$\{\{A,M,E\}\}$。所以 $V = \{\{A,E,M,R\}, \{A,E,M,T\}\}$ 和 $B = \{\{A,E,M\}\}$。我们有

$$P[l_1, l_2, l_3, l_4, l_5] = \frac{p_{l_1 l_2 l_3 l_4 +} p_{l_1 l_2 l_3 + l_5}}{p_{l_1 l_2 l_3 ++}}$$

例 6.6.7　生成类：$[AC][AM][CM][AG][AR][GR]$。LLM 是不可分解的。

例 6.6.8　生成类：$[67][013][125][178][1347][1457]$ $[1479]$。这是一个有因子 $\{0, 1, 2, 3, 4, 5, 6, 7, 8, 9\}$ 的十向表。回想例 6.5.8 的分支集是 $\{\{1, 4, 7\}, \{1, 4, 7\}, \{1, 7\}, \{1, 3\}, \{1, 5\}, \{7\}\}$。那么分解就是

$$P_{[i_0, i_1, i_2, i_3, i_4, i_5, i_6, i_7, i_8, i_9]} =$$

$$\frac{p_{+++++i_6 i_7++} \, p_{i_0 i_1 i_2 +++++} \, p_{+i_1 i_2 i_5+++++} \, p_{+i_1 +++++i_7++} \, p_{+i_1 +++i_4 i_5 i_7++} \, p_{+i_1 ++i_4 +++i_7++} \, p_{+i_1 ++i_4 i_5 ++i_7+i_9}}{(p_{+i_1 ++i_4 +++i_7++})^2 \, p_{+i_1 +++++i_7++} \, p_{+i_1 ++i_4 +++++} \, p_{+i_1 +++i_4 i_5++++} \cdot \cdot \cdot p_{+++++++i_7++}}$$

记得前面讲过，一个给定多重图中的生成因子不一定只有唯一的最大生成树。即使对于可分解模型，最大生成树也不需要是唯一的；参见例 6.5.8，该例表明一个可分解模型具有一个以上的最大生成树。不过，McKee & Khamis(1996，定理 2)表明，对于一个可分解模型，其分支的多重集 B 是唯一的。例如，在例 6.5.8 中，无论选择哪个最大生成树，分支的多重集都是 B $= \{\{1, 4, 7\}, \{1, 4, 7\}, \{1, 7\}, \{1, 3\}, \{1, 5\}, \{7\}\}$。由于可分解 LLM 的最大生成树分支的多重集的唯一性，联合概率分解的公式(公式 6.2 见上)是明确的。

第 7 节 | 可分解 LLM 的基本条件独立

研究分类变量的一个主要目标就是确定哪些因子是相互独立的，并且哪些因子是条件独立的。在关联图中，这一般比较容易做到，因为图中的"分离"对应着条件独立（参见第 4 章第 1 节"毗邻和条件独立"部分）。然而，也可能会有关联图过于复杂而无法被应用的情况；见例 4.3.8。

对于一个给定的 LLM，多重图允许有一个相对简单并且一步接一步的过程来确定所有的条件独立。虽然对小列联表，只要通过审查生成类或使用关联图，这样的任务很容易就能完成，但是对于大而复杂的 LLM（特别是可分解模型和有相对较少生成因子的模型），多重图的方法以其易用性、有序的过程以及全面性远胜于关联图。

用因子 C_1，C_2，$\cdots$，C_k 的 $k+1$ 集合和 S（其中，$2 \leqslant k \leqslant d-1$）表示列联表中 d 个因子的分区。记法"$[C_1 \otimes C_2 \otimes \cdots \otimes C_k \mid S]$"是指包含在 C_1，C_2，$\cdots$，C_k 的因子是在 S 条件下相互独立的。McKee & Khamis（1996，定理 3）表明，对于一个给定的 LLM，其生成类会唯一确定一组基本条件独立（FCI），每个形式

$$[C_1 \otimes C_2 \otimes C_k \mid S],$$

通过 S' 替代 S 使得 $S \subseteq S'$，用 C_i' 替代 C_i 使得 $C_i' \subseteq C_i$，从而所有其他条件独立都可以从这些 FCI 中推断出来，服从

$$(C_1' \cup C_2' \cup \cdots \cup C_k') \cap S' = \varnothing$$

形成适当的连接。也就是，假设对于一个给定的 LLM 我们有条件独立关系 $[A, B \otimes D \mid E]$。那么下面的条件独立关系也是正确的：$[A \otimes D \mid B, E]$ 和 $[B \otimes D \mid A, E]$。

　　为了导出这些 FCI，我们的做法如下。多重图记为 M。假设列联表中有 d 个因子。设 S 是这些因子的一个子集。现在建构一个新的多重图 M/S（读为 "M-mod-S"），从每一个生成因子（多重图的顶点）中移除 S 的每一个因子并且移除该因子对应的每一条边。那么，FCI 对应的就是 S 子集中 M/S 断开因子之间的相互独立。

　　在可分解模型的情况下，S 被选为最大生成树的分支。假设我们想要分析三维列联表中的条件独立模型 $[XZ][YZ]$（这是一个可分解的模型）。该顶点集和分支集分别为 $V = \{\{X, Z\}, \{Y, Z\}\}$ 和 $B = \{\{Z\}\}$。多重图 M 及其最大生成树是

$$XZ \underline{ \overset{\textstyle Z}{} } YZ$$

选择 S 作为最大生成树的分支；即，$S = \{Z\}$。构建 M/S，从每个顶点删除指数 Z，并删除对应 Z 的边：

$$X \qquad\qquad Y$$

因此，M/S 导致两个断开的成分，$\{X\}$ 和 $\{Y\}$。在这种情况下，$C_1 = \{X\}$ 并且 $C_2 = \{Y\}$。FCI $[C_1 \otimes C_2 \mid S]$ 的形式；也就是，$[X \otimes Y \mid Z]$。因此，X 和 Y 是在 Z 的条件下独立。这

种解释与在第 2 章第 3 节"条件性独立"部分(概率模型)和第 4 章第 2 节"条件独立"部分(关联图)的讨论一致。接下来,我们将确定从例 6.5.1 到例 6.5.8 这些可分解模型的 FCI。不可分解模型的情况将在下一章中加以解决。

例 6.7.1　生成类:$[ABC][BD][CD]$。模型是不可分解的。见第 7 章如何确定 FCI。

例 6.7.2　生成类:$[ABC][BD]$。多重图 M 在下面给出

$$ABC \overset{\textbf{\textit{B}}}{\rule{3cm}{0.4pt}} BD$$

$\mathsf{V} = \{\{A, B, C\}, \{B, D\}\}$ 并且 $\mathsf{B} = \{B\}$。让 $\mathsf{S} = \{B\}$。那么 M/S 就是

$$AC \qquad\qquad D$$

那么 $C_1 = \{A, C\}$,$C_2 = \{D\}$ 并且 $\mathsf{S} = \{B\}$。FCI 的形式是 $[C_1 \otimes C_2 \mid \mathsf{S}]$,因此 $[A, C \otimes D \mid B]$;即因子 A 和 C 在 B 的条件下独立于 D。从这个 FCI,我们可以通过减少 C_1 和扩展 S 来生成另一个条件独立性关系:即用 $C_1' = \{A\}$ 替代 $C_1 = \{A, C\}$,并以 $\mathsf{S}' = \{B, C\}$ 替代 $\mathsf{S} = \{B\}$。需要注意的是,$(C_1' \cup C_2) \cap \mathsf{S}' = \varnothing$。我们有 $[A \otimes D \mid B, C]$。类似地,我们有 $[C \otimes D \mid A, B]$。

例 6.7.3　生成类:$[AB][BD][CD][AC]$。这个模型是不可分解的,见第 7 章。

例 6.7.4　生成类:$[AS][ACR][MCS][MAC]$。这个模型是不可分解的,见第 7 章。

例 6.7.5　生成类:$[ABCD][ACE][BCG][CDF]$。多重图 M 如下:

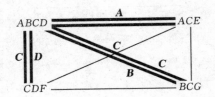

$V = \{\{A, B, C, D\}, \{A, C, E\}, \{B, C, G\}, \{C, D, F\}\}$ 并且 $B = \{\{A, C\}, \{B, C\}, \{C, D\}\}$。在这里,对于 S 我们有三种选择: $S_1 = \{A, C\}$、$S_2 = \{B, C\}$ 和 $S_3 = \{C, D\}$。每一个选择会产生一个 FCI。对于第一个 FCI,考虑 M/S_1:

M/S_1 是有两个分离成分的多重图: $C_1 = \{B, D, F, G\}$ 和 $C_2 = \{E\}$。FCI 是 $[B, D, F, G \otimes E | A, C]$。根据上述的建构,许多其他条件独立可以通过减少 C_1 和扩大 S_1 来产生。

对于第二个 FCI,考虑 M/S_2:

这里,我们有 $[A, D, E, F \otimes G | B, C]$。

对于第三个 FCI,考虑 M/S_3:

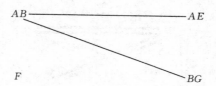

这里，我们有 $[A, B, E, G \otimes F \,|\, C, D]$。

解释 LLM 生成类 $[ABCD][ACE][BCG][CDF]$ 的总结如下：

S	FCI
$\{A, C\}$	$\{B, D, F, G \otimes E \,|\, A, C\}$
$\{B, C\}$	$\{A, D, E, F \otimes G \,|\, B, C\}$
$\{C, D\}$	$\{A, B, E, G \otimes F \,|\, C, D\}$

从这些 FCI 产生的条件独立性可能会有一些冗余。例如，从第一个 FCI 我们有 $[G \otimes E \,|\, A, B, C, D, F]$；但第二个 FCI 可以产生相同的条件独立性关系。

例 6.7.6 生成类：$[ARME][AMET]$。多重图 M 如下：

$$ARME \overset{\textbf{A, M, E}}{=\!=\!=\!=\!=} AMET$$

$V = \{\{A, R, M, E\}, \{A, M, E, T\}\}$ 并且 $B = \{\{A, M, E\}\}$。让 $S = \{A, M, E\}$。那么 M/S 就是

$$R \qquad\qquad T$$

因此，$[R \otimes T \,|\, A, M, E]$。

例 6.7.7 生成类：$[AC][AM][CM][AG][AR][GR]$。这个模型是不可分解的，见第 7 章。

例 6.7.8   生成类:[67][013][125][178][1347][1457][1479]。这里,

V＝{{6，7}，{0，1，3}，{1，2，5}，{1，7，8}，{1，3，4，7}，{1，4，5，7}，{1，4，7，9}}

B＝{{1，4，7}，{1，4，7}，{1，7}，{1，3}，{1，5}，{7}}。

FCI 是

S	FCI
{1，4，7}	[0，3⊗2，5⊗6⊗8|1，4，7]
{1，7}	[0，2，3，4，5，9⊗6⊗8|1，7]
{1，3}	[2，4，5，6，7，8，9⊗0|1，3]
{1，5}	[0，3，4，6，7，8，9⊗2|1，5]
{7}	[0，1，2，3，4，5，8，9⊗6|7]

为便于说明,考虑第一个 FCI,其中 $S＝\{1，4，7\}$。然后从每个顶点删除指数 1、4 和 7,并删除所有与之相对应的边,得到如下的 M/S:

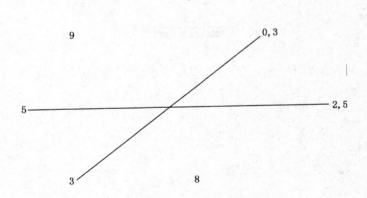

因此,这里有五个断开的成分:$C_1 ＝ \{0，3\}$，$C_2 ＝$

$\{2,5\}$，$C_3=\{6\}$，$C_4=\{8\}$ 和 $C_5=\{9\}$。那么 FCI 形式为 $[C_1 \otimes C_2 \otimes C_3 \otimes C_4 \otimes C_5 \mid S]$ 或 $[0,3 \otimes 2,5 \otimes 6 \otimes 8 \otimes 9 \mid 1,4,7]$。类似结构的 M/S 用于取得其他的 FCI。

　　上述是针对可分解 LLM 中 FCI 的建构。在这种情况下，S 被选择为最大生成树的一个分支。对于不可分解的 LLM，基于 S 的选择要求有不同的建构，这将在接下来的章节中讨论。

第 7 章

不可分解对数线性模型的基本条件独立

　　对于不可分解的对数线性模型(LLM)，建构基本条件独立(FCI)更加复杂，一部分原因是最大化生成树的多重集分支不一定是唯一的。因此，我们将使用一种称为边割集的图论工具。

第 1 节 ｜ 边割集

多重图的边割集是去除多边导致多重图截断的一个极小集。再次考虑三维表中条件独立模型，$[XZ][YZ]$，有图

$$XZ \underline{\hspace{1.5cm} Z \hspace{1.5cm}} YZ$$

这个例子中，去除单个边（对应因子 Z）可以使两个顶点断开，并且一般情况下，这时边取最小数值。因此边割集是 $\{Z\}$，与边关联的因子指数截断了关联图。追踪边割集的一个简易方法是画出截断多重图的虚线，那些与虚线相交的边也包含在边割集中。对于以上的例子，我们有

$$XZ \xrightarrow{\hspace{2cm}} YZ$$

值得注意的是，$[XZ][YZ]$ 是一个可分解模型。还需注意，边割集 $\{Z\}$ 是多重图中最大生成树的分支。通常情况下，对于可分解模型，边割集是最大生成树的分支。接下来的两个多重图也对应于可分解的 LLM。

对于下面的多重图，有单一的边割集：$\{B, C, D\}$。

在下面的多重图中,有两个边割集,$\{B, C\}$和$\{C\}$,产生于三条虚线。

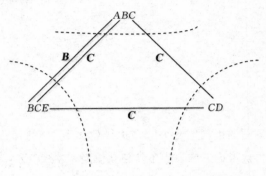

在例 6.7.1 到例 6.7.8 中,现在将获取每个可分解 LLM 的边割集。如上所述,边割集对于可分解的 LLM 只是最大生成树 S 的分支。

例 7.1.1   考虑 LLM 有生成类$[ABC][BD][CD]$。在这里,有三个边割集(识别虚线的编号见下图):$S_1 = \{B, C\}$、$S_2 = \{C, D\}$和$S_3 = \{B, D\}$。考虑S_1:两个单边连接$[ABC]$到$[BD]$和$[CD]$的去除会截断多重图。$[ABC]$和$[BD]$的共享指数是$\{B\}$,$[ABC]$和$[CD]$的共享指数是$\{C\}$。因此,边割集是 $S_1 = \{B, C\}$,对于 $S_2 = \{C, D\}$ 和 $S_3 = \{B, D\}$,情况类似。

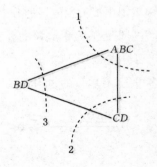

例 7.1.2 生成类$[ABC][BD]$对应一个可分解模型。因此,它的边割集是最大生成树的分支。见例 6.7.2。

例 7.1.3 考虑生成类$[AB][BD][CD][AC]$。多重图是

对于这个可分解的模型,有六个边割集:其中,有四个边割集,每个断开一个顶点(在下面的图中用虚线 1—4 标注);有一个边割集相交于两条平行边(虚线 5);还有一个边割集相交于两条垂直边(虚线 6)。

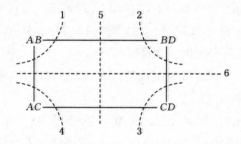

所以与顶点$[AB]$相关的两条边对应于指数$\{B\}$和$\{A\}$,因为这些指数是边连接的两个顶点所共享的;移除这两条边会截断这些顶点与多重图的其他部分——参看虚线 1。然后,$\mathsf{S}_1=\{A, B\}$。相似地,$\mathsf{S}_2=\{B, D\}$;$\mathsf{S}_3=\{C, D\}$;并且$\mathsf{S}_4=\{A, C\}$。移除两条平行的边会把顶点$[AB]$和$[AC]$从顶点$[BD]$和$[CD]$截断——参看虚线 5。这两条边对应于指数$\{B\}$和$\{C\}$。因此,$\mathsf{S}_5=\{B, C\}$,类似地,对于两条垂直的边,$\mathsf{S}_6=\{A, D\}$。

例 7.1.4 考虑生成类 $[AS][ACR][MCS][MAC]$。该模型不可分解。正如例子 7.1.3，有六个边割集对应于有相同取向的虚线：四个边割集将单一的顶点与多重图的其他部分断开（虚线 1—4），两个边割集将一对顶点和其他对顶点断开（虚线 5 和 6）。

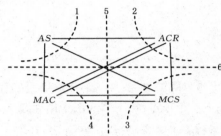

边割集是 $S_1 = \{A, S\}$；$S_2 = \{A, C\}$；$S_3 = \{C, M, S\}$；$S_4 = \{A, C, M\}$；$S_5 = \{A, C, M, S\}$ 和 $S_6 = \{A, C, S\}$。

例 7.1.5 LLM 有生成类 $[ABCD][ACE][BCG][CDF]$，是可分解的。参看例 6.7.5。

例 7.1.6 LLM 有生成类 $[ARME][AMET]$，是可分解的。参看例 6.7.6。

例 7.1.7 考虑生成类 $[AC][AM][CM][AG][AR][GR]$。这个模型是不可分解的。一个割集，从 1 到 6，截断个别的顶点：

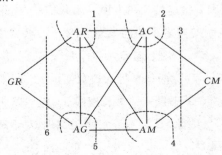

这些割集是 $S_1 = \{A, R\}$；$S_2 = \{A, C\}$；$S_3 = \{C, M\}$；$S_4 = \{A, M\}$；$S_5 = \{A, G\}$ 和 $S_6 = \{G, R\}$。另外一个割集，从 7 到 9，对应于垂直的虚线：

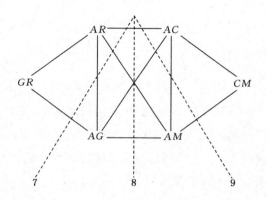

这些割集是 $S_7 = \{A, G\}$；$S_8 = \{A\}$ 和 $S_9 = \{A, M\}$。最终，割集从 10 到 13 对应于水平的虚线：

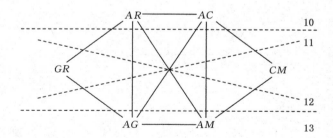

这些割集是 $S_{10} = \{A, C, R\}$；$S_{11} = \{A, C, G\}$；$S_{12} = \{A, M, R\}$ 并且 $S_{13} = \{A, G, M\}$。

例 7.1.8　LLM 有生成类 [67][013][125][178][1347][1457][1479]，是可分解的。参看例 6.7.8。

第 2 节｜**不可分解 LLM 的 FCI**

对于不可分解 LLM 的 FCI 识别与可分解 LLM 的 FCI 识别是相同的，除非 S 中包含的指数来自于边割集而不是最大生成树的分支。考虑同质性关联模型 $[AB][BC][AC]$，和有边割集 1 到 3 的多重图 M，如下：

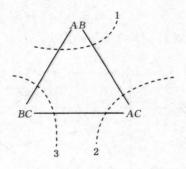

注意，$S_1 = \{A, B\}$；$S_2 = \{A, C\}$；$S_3 = \{B, C\}$。对于 $i = 1$、2 和 3 的多重图 M/S_i 如下：

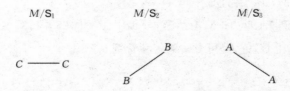

对于每个例子,这里只有一个因子,因此,没有条件独立关系(回想,在多重图 M/S 中从单独的因素中推导出条件独立性)。因此,我们已经证实了在这三个因素中,同质性关联模型不承认条件独立性。

不可分解的 LLM 将用例 7.1.1 到例 7.1.8 来说明 FCI 的建构。

例 7.2.1　M 有生成类 $[ABC][BD][CD]$;边割集是 $\mathbf{S}_1 = \{B, C\}$;$\mathbf{S}_2 = \{C, D\}$;$\mathbf{S}_3 = \{B, D\}$(见例 7.1.1)。下面给出的是每一个边割集的多重图 M/S:

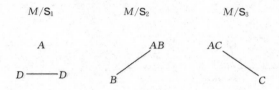

后两个多重图没有产生 FCI,因为在这两种情况下,都只有一个单独的因素。第一个多重图 M/S_1 给出 FCI$[A \otimes D \mid B, C]$。

例 7.2.2　LLM 有生成类 $[ABC][BD]$,是可分解的。参看例 6.7.2。

例 7.2.3　M 有生成类 $[AB][BD][CD][AC]$;边割集是 $\mathbf{S}_1 = \{A, B\}$;$\mathbf{S}_2 = \{B, D\}$;$\mathbf{S}_3 = \{C, D\}$;$\mathbf{S}_4 = \{A, C\}$;$\mathbf{S}_5 = \{B, C\}$ 和 $\mathbf{S}_6 = \{A, D\}$。对于 $i = 1, 2, \cdots, 6$ 的 M/S_i 如下:

$$M/S_1 \qquad\qquad M/S_2 \qquad\qquad M/S_3$$

$$\begin{array}{c} D \\ C \text{——} CD \end{array} \qquad \begin{array}{c} A \\ AC \text{——} C \end{array} \qquad \begin{array}{c} AB \text{——} B \\ A \end{array}$$

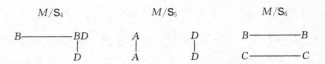

仅仅最后两个多重图 M/S_5 和 M/S_6 产生了 FCI,分别是 $[A \otimes D \mid B, C]$ 和 $[B \otimes C \mid A, D]$。

例 7.2.4 M 有生成类 $[AS][ACR][MCS][MAC]$;边割集是 $S_1 = \{A, S\}$;$S_2 = \{A, C\}$;$S_3 = \{C, M, S\}$;$S_4 = \{A, C, M\}$;$S_5 = \{A, C, M, S\}$ 和 $S_6 = \{A, C, S\}$。对于 $i = 1, 2, \cdots, 6$ 的 M/S_i 如下所示:

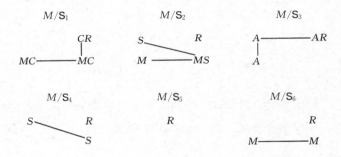

仅仅 M/S_2、M/S_4 和 M/S_6 产生了 FCI,分别是 $[R \otimes M, S \mid A, C]$、$[R \otimes S \mid A, C, M]$ 和 $[R \otimes M \mid A, C, S]$。值得注意的是最后两个 FCI 可以通过第 6 章第 7 节中所讨论的建构,从第一个 FCI $[R \otimes M, S \mid A, C]$ 中求出。

例 7.2.5 LLM 有生成类 $[ABCD][ACE][BCG][CDF]$,是可分解的。参看例 6.7.5。

例 7.2.6 LLM 有生成类 $[ARME][AMET]$,是可分解的。参看例 6.7.6。

例 7.2.7 考虑 LLM 有生成类 $[AC][AM][CM][AG]$

$[AR][GR]$。这个模型是不可分解的。在下面列出了边割集(参看例 7.1.7):

i	S_i
1	$\{A, R\}$
2	$\{A, C\}$
3	$\{C, M\}$
4	$\{A, M\}$
5	$\{A, G\}$
6	$\{G, R\}$
7	$\{A, G\}$
8	$\{A\}$
9	$\{A, M\}$
10	$\{A, C, R\}$
11	$\{A, C, G\}$
12	$\{A, M, R\}$
13	$\{A, G, M\}$

非冗余的边割集是 S_1、S_2、S_3、S_4、S_5、S_6、S_8、S_{10}、S_{11}、S_{12} 和 S_{13}。多重图 M/S 和 FCI 如下:

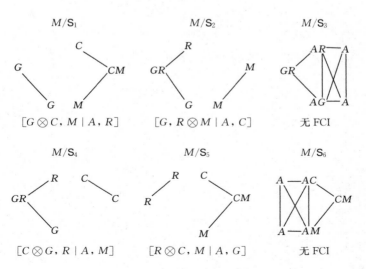

M/S_1

$[G \otimes C, M \mid A, R]$

M/S_2

$[G, R \otimes M \mid A, C]$

M/S_3

无 FCI

M/S_4

$[C \otimes G, R \mid A, M]$

M/S_5

$[R \otimes C, M \mid A, G]$

M/S_6

无 FCI

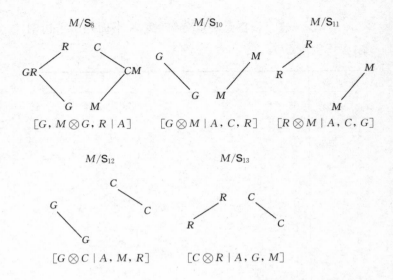

$[G, M \otimes G, R \mid A]$ $[G \otimes M \mid A, C, R]$ $[R \otimes M \mid A, C, G]$

$[G \otimes C \mid A, M, R]$ $[C \otimes R \mid A, G, M]$

注意到,以上 FCI 中的许多都可通过使用第 6 章第 7 节中讨论的建构从其他 FCI 中获得。还要注意的是,要找到这个特定模型的所有条件独立,更容易的方法是使用关联图和构造分区 S、T 和 V,在这里,S 分隔 T 和 V(参见例 5.3.1)。

例 7.2.8　LLM 有生成类 [67][013][125][178][1347][1457][1479],是可分解的。参看例 6.7.8。

第 3 节 | 使用多重图的压缩条件

现在,对于可分解及不可分解的 LLM,FCI 都可以被构建,并且所有的条件独立关系都可以使用第 6 章第 7 节中讨论的技巧从 FCI 中确定。一组因子的参数压缩取决于给定 LLM 列联表变量之间的条件独立结构(见第 5 章第 2 节)。对于一个条件独立关系,如 $[C_1 \otimes C_2 \,|\, S]$,我们可以压缩 C_1 的因子而不影响 LLM 包含在 C_2 因子中的 λ 项或者关联 C_2 中因子到 S 中因子的 λ 项;然而,仅仅包含 S 因子的 λ 项可能会因压缩而改变。

作为说明,考虑例子 7.2.4。来自于 M/S_2 条件独立关系是 $[R \otimes M, S \,|\, A, C]$。由于 R 条件独立于 M 和 S,我们可以压缩 M 和 S 的层级来研究二阶交互项 λ^{ACR} 和一阶交互项 λ^{RA} 和 λ^{RC}。然而,一阶交互项 λ^{AC} 对于压缩不是恒定不变的。

第 4 节 | FCI：总结

对于给定的层级 LLM，多重图 M 现在可以被用来产生所有的 FCI，从而可以获得所有可能的条件独立。对于可分解的 LLM，S 的元素被选择为最大生成树分支的指数。对于不可分解的 LLM，S 的元素是包含于一个边割集的指数。一旦 S 被确定，那么就能形成 M/S，FCI 仅仅与 M/S（取决于 S 的因子）中被截断部分的因子相互独立。

只是作为关联图（见第 4 章第 1 节），无条件的独立性对应于 M 断开的成分，例如，考虑 LLM 有生成类 $[X][YZ]$（联合独立模型，参见第 2 章第 3 节"联合独立"）。该多重图 M 是

$$X \qquad YZ$$

M 中断开成分的因子是联合独立的；因此，我们有 $[X \otimes Y, Z]$。

同样，第 6 章第 5 节（确定可分解）和第 6 章第 6 节（联合概率的分解）所描述的技巧对统计方法人员和研究者有用，而那些在第 6 章第 7 部分以及第 5 和第 7 章（寻找 FCI 和压缩性）中描述的技巧，则对应用研究人员和数据分析人员有价值。

在下一章中，我们将给出结论和补充实例。

第 8 章

结论及附加实例

关联图和生成多重图是分析等级对数线性模型(LLM)非常有用的数学工具。它们中的任意一个或者两者都可以用于任何给定的情况。在某些情况下关联表可能使用起来更容易(比较例 7.2.7 和 5.3.1),而在其他的情况下生成多重图效率会更高(比较例 6.7.8 和 4.3.8)。这些图论技巧为处理分析庞大而复杂的列联表提供了更多的统计方法。在这一章节,我们会通过比较这两种方法并给出更多的实例来解释这些技巧。

第 1 节 关联图和多重图的比较

一般情况下,关联图和多重图是达到相同目的的等效方法,尤其在处理小的列联表(如 $d < 5$ 时,这两种方法几乎等效。对于庞大的列联表,根据具体的目标,一种方法可能会比另一种方法更有优势。我们首先回顾一下分析和解释 LLM 的目的,然后比较这两种不同的方法。

构建图

当要考虑的列联表很庞大(也就是,d 值较大)并且 LLM 生成因子很少时,用多重图比用关联图会更小并且也更简单(见下文例 8.2.3)。否则,关联图更有可能会被选择使用(见下文例 8.2.2)。关联图是以列联表的因子为基础的(顶点=因子),而多重图是以 LLM 的生成因子为基础的(顶点=生成因子)。

确定可分解性

对于关联图,这相当于是在确定 LLM 是否是图形的并且这个图是否为弦图(图形的+有弦的=可分解)。对于庞大复杂的关联图这会非常困难(如例 4.3.8)。对于多重图,必

须根据最大生成树验证组合恒等式；也就是，一个模型当且仅当 $d = |V| - |B|$ 时才是可分解的。

大部分的情况下，使用多重图会更容易确定可分解性。

分解可分解的 LLM 的联合分布

如第 4 章第 4 节所讨论的，有几种方法来分解可分解的 LLM 的联合分布。关联图使用的是邻近图和消除法（Darroch et al., 1980；Khamis & McKee, 1997，第 2 节）。基于最大生成树的多重图方法相对比较容易（见第 6 章第 6 节，公式 6.2）。

识别所有的条件独立

使用关联图可以找出所有列联表分子分区 S、T 和 V，使得 S 分离图中的 T 和 V。对于任意给出类似的分区，可以得出这样的结论：在因子 S 的条件下，因子 T 和 V 是相互独立的。用图论的术语，找到所有这些分区等同于找到所有的"最小顶点分隔符"（见 Golumbic, 1980）。一般来说，要找到所有最小顶点分隔符是一个困难的图论任务（McKee & Khamis, 1996，第 4 节）。多重图方法使用的是边割集。对于大图来说找到所有多重图的边割集在计算上也很困难。事实上，在每一种情况下都有可能有一个指数。但是，有一种电子工程师熟知、在概念上简单的算法，可以用于找到一个多重图所有的边割集（见 Gibbons, 1985；McKee & Khamis, 1996，第 4 节；Wilson, 1985）。对于可分解 LLM，识别所有的边割集相对容易，因为它是基于最大生成树的。例 7.2.7 给出了一个 LLM，其中使用关联图更容易找到所有的条件独立（比较例 4.3.7）；例 6.7.8 给出了一个 LLM，使用多重图则更容易（比较例 4.3.8）。

压缩性条件

　　压缩性条件是基于 LLM 上的条件独立关系。这种关系是由（1）关联图顶点的分离和（2）多重图的 FCI 共同决定的。压缩性条件确定的难易取决于图的复杂性。对于一些 LLM，关联图更小并更容易处理（即，找到分区 S、T 和 V），而对于其他 LLM 多重图更容易处理（即，确定 FCI）。

　　综上所述，对于一个给定的列联表和一个给定的 LLM，关联图和多重图提供了两种不同的分析和解释方法。除了上面给出的对比之外，在特定的应用中，一个方法可能会比另一个方法在心理上或教学上有附加的优势。对于分析理解等级 LLM，这两种有用并且通用的方法为研究者提供了不同的技巧。表 8.1 给出了这两种方法的比较总结。

表 8.1　关联图和多重图的对比总结

目　标	关联图	多重图 M
图形构建	顶点＝因子 边＝一阶交互	顶点＝生成因子 多重边＝k 边；这里，$k =$ 连接两个顶点共同指数的数量
确定可分解性	有弦的＋图形的对数线性模型	$d = \mid V \mid - \mid B \mid$
联合概率的分解	消除法	$P[l_1, l_2, \cdots, l_d] = \dfrac{\Pi_{S \in V} p_S}{\Pi_{S \in B} p_S}$
寻找条件独立	把顶点分区为子集 S、T 和 V	根据边割集形成 M/S
解释可压缩性条件	S 分离因子集 T 和 V 以确定可压缩性	根据 S 和 M/S 成分确定的条件独立

例 8.1.1　考虑 LLM 对于 A，B，$\cdots$，I 九个变量有生成类 $[ABC][BCDE][CDEF][CDEG][CGHI]$。你能否仅仅通过检查这些生成类确切地说出这个模型是否可分解？你是否可以确切地识别所有的条件独立？你是否可以确切地确定所有的压缩性条件？最后两个问题对于解释数据并作出有关各因子关系的结论特别重要。让我们用已经给出的图形工具考虑这个模型。在这个特定的例子里，由于关联图太复杂，我们将使用多重图。以下给出了多重图 M 和最大生成树（以粗体显示）：

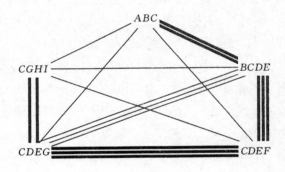

以下的计算表明这个模型是可分解的：

添加到顶点的 指数数量	添加到分支的 指数数量	差数	因子数	可分解？
19	10	**9**	**9**	是

要识别条件独立，我们选择 S 作为最大生成树的分支，所以 S 有三种不同的选择。以下给出 FCI 和所产生的多重图 M/S_i，$i=1$，2，3：

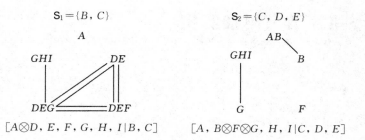

$$[A \otimes D, E, F, G, H, I | B, C] \qquad [A, B \otimes F \otimes G, H, I | C, D, E]$$

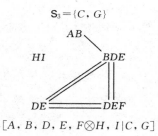

$$[A, B, D, E, F \otimes H, I | C, G]$$

通过使用第 6 章第 7 节发展的建构方法，可以得到从这些 FCI 中推导出的附加条件独立。压缩性条件可以直接从 FCI 确定。例如，对于 $S_1 = \{B, C\}$，我们有 D、E、F、G、H 和 I 被压缩而不影响 AB、AC 或 ABC 的交互项；然而，BC 项可能会受影响。

在下面的部分，为了有更多的实践，我们使用关联图和多重图来分析一些补充的实例。

第 2 节 | 附加实例

以下给出的一些补充实例进一步说明了如何将关联图和多重图应用于分析和理解等级 LLM。在每种情况下，我们将(a)确定可分解性，(b)找出并解释 FCI，(c)讨论压缩性条件。因为对于后两者存在广泛的选择，我们仅对特定的 FCI 和压缩性条件进行讨论。这里我们不提供例子中可分解 LLM 的联合概率分解，因为虽然它在理论上有用，但它在理解实际数据时用处不大。

例 8.2.1 莱特州立大学 PASS 计划

为努力提高学生的留校率，针对第一季度末 GPA 低于 2.0 的学生，莱特州立大学大学学院发起一个学业干预方案——PASS(学术成功预备研讨会)。相关的变量和数据由表 8.2 给出。在记法上，我们使用 $C=$ 年级，$E=$ 种族，$G=$ 性别，$P=$ 参与 PASS 项目，以及 $R=$ 留校。虽然这些数据有利于复杂的模型(例如，路径模式)，客户特别要求采用保守的方法来确定所有变量之间的结构关系($\alpha=0.10$)。一个用反向排除选择过程得到的 LLM 有生成类 $[EG][CP][RC]$ $[PG]$。

表 8.2　PASS 计划的数据

因　子	标　签	层　　级
留校	R	1＝否，2＝是
年级	C	1，2，3，4
参与 PASS 项目	P	1＝否，2＝是
种族	E	1＝高加索，2＝非裔美国人，3＝其他
性别	G	1＝男，2＝女

注：见例 8.2.1，方格频数，以字典顺序列出，性别的水平变化最快，种族的水平变化其次，……，以及留校水平变化最慢，方格频数分别是 9，4，5，4，0，4，57，46，18，29，6，15，3，7，1，4，1，1，12，8，1，10，1，1，22，20，3，10，3，3，10，8，8，10，1，2，12，10，2，8，0，1，3，6，2，3，0，1，4，6，4，6，0，1，57，48，12，26，5，14，9，5，6，5，0，3，22，21，6，16，1，1，39，18，21，15，2，5，19，25，6，22，1，2，25，22，4，18，4，1，15，19，3，9，1，3。

资料来源：数据由怀特州立大学大学学院院长安妮塔·杰克逊（Anita Curry Jackson）博士友情提供。

关联图是

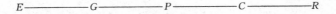

$$E \text{——————} G \text{——————} P \text{——————} C \text{——————} R$$

多重图 M 和最大生成树是：

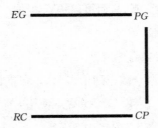

可分解性。这个 LLM 是可分解的：

添加到顶点的 指数数量	添加到分支的 指数数量	差数	因子数	可分解？
8	3	5	5	是

FCI 和解释。每个 S 的多重图，M/S 和 FCI 是：

$S=\{G\}$	$S=\{P\}$	$S=\{C\}$

$$
\begin{array}{ccc}
E \quad\;\; P & EG\!\!-\!\!-G & EG\!\!-\!\!-PG \\
| & & | \\
RC\!\!-\!\!-CP & RC\!\!-\!\!-C & R \quad\;\; P
\end{array}
$$

$$[C, P, R\otimes E\,|\,G] \qquad [E, G\otimes R, C\,|\,P] \qquad [E, G, P\otimes R\,|\,C]$$

在这项研究中特别受关注的两个变量是 P（参与 PASS 项目）和 R（留校）。上面的第三个 FCI 意味着 $[P \otimes R\,|\,C, E, G]$；也就是，对于每个年级、种族和性别，$P$ 独立于 R。在这些数据中没有有力的证据来支持 PASS 项目和留校率之间存在关系。这是令客户失望的消息；然而，该项目运行不久且还在持续进行中，随着时间的推移，将来 PASS 仍有望增加留校率。

可压缩性。上面的第二和第三个 FCI 都表明 $[E, G \otimes R\,|\,P, C]$（见第 6 章第 7 节）。因此，我们可以压缩 E 和 G 来顺利分析 R-P 的交互，从而可以得到，比如，变量关系比值比或 λ 项更稳定的估计。

例 8.2.2　代顿高中调查

代顿高中的调查数据列于表 5.6。在本例中，$G =$ 性别，$R =$ 种族，$A =$ 酒精使用，$C =$ 香烟使用，$M =$ 大麻使用。使用多重图分析实例 6.3.7、6.4.7、6.5.7、6.6.7、7.1.7 的 LLM，有生成类 $[AC][AM][CM][AG][AR][GR]$。一个拟合不错的替代模型是 $[AC][AM][CM][AG][AR][GM][GR]$（见 Agresti, 2002：362—363），其中增加了一阶交互项 λ^{GM}。多重图如下：

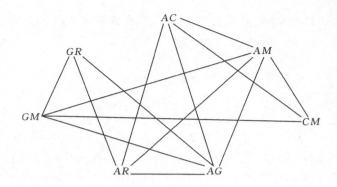

在这个例子里，关联图更容易使用；生成类别中大量的生成因子产生一个相当庞大复杂的多重图。生成类的关联图是

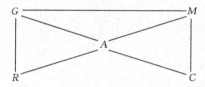

可分解性。由于〈ARG〉在这个关联图中是一个最大群，但[ARG]不是生成类中的一个生成因子，因而这 LLM 不是图形的，所以是不可分解的。

FCIs 和解释。在确定条件独立时，S 的选择可以是(1) $\{A, G\}$；(2)$\{A, M\}$；(3)$\{A, G, M\}$；(4)$\{A, M, R\}$；或 (5)$\{A, C, G\}$。这导致了 5 个条件独立：分别是(1)[$R \otimes C, M|A, G$]，(2)[$C \otimes G, R|A, M$]，(3)[$R \otimes C|A, G, M$]，(4)[$C \otimes G|A, M, R$]和(5)[$M \otimes R|A, C, G$]。注意后三种可从前两个推导出来。

可压缩性。如果我们的主要兴趣点是在酒精、香烟或大麻的使用这些变量 A、C 和 M 之间的关系，那么最好的策略是选择 S＝{A，G}（见下图）。然后种族可以在不影响一阶交互项 λ^{AC}、λ^{AM} 或 λ^{CM} 的情况下压缩。

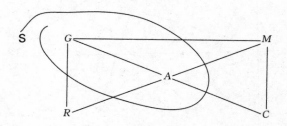

或者,如果我们的主要兴趣点是在于性别如何与酒精和大麻的使用相关（注意,性别是条件独立于香烟使用,因为 λ^{GC} 不在 LLM 中）,则 S 应被选择为{A，M}（见下图）。那么香烟使用可以在不影响一阶相互作用 λ^{GA} 和 λ^{GM} 的情况下压缩。

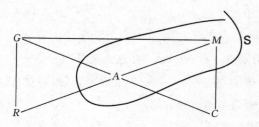

这个例子很好地显示了研究员可以从可能的条件独立关系中作出灵活的选择,从而使研究目标和假设能通过最有效的途径得到验证。类似地,选择哪些变量进行压缩也具有灵活性,这取决于对哪些关联感兴趣。

注意对于这些数据的两个 LLM 的差异,可以从关联图上直观地看出[AC][AM][CM][AG][AR][GR]和[AC][AM][CM][AG][AR][GM][GR];虚线边代表在后一个

LLM 中添加的[GM]项：

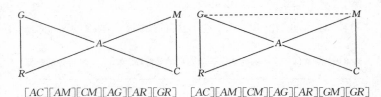

[AC][AM][CM][AG][AR][GR]   [AC][AM][CM][AG][AR][GM][GR]

值得注意的是，这条增加的边排除了因子的分离集合 S
成为$\{A，R\}$或$\{A，C\}$的可能性，正如同左上方关联图的情
况。也就是说，对于 LLM[AC][AM][CM][AG][AR]
[GR]，即左上方的关联图，对于 S 的选择包括$\{A\}$、
$\{A，M\}$、$\{A，C\}$、$\{A，G\}$和$\{A，R\}$，每一个都可以推导出
不同的条件独立关系。对于 LLM[AC][AM][CM][AG]
[AR][GM][GR]，即右上方的关联图，可以获得条件独立性
关系$[C \otimes G, R | A, M]$和$[R \otimes C, M | A, G]$，同时如上所
述，更多的条件独立关系可以从这些关联图衍生中出来。通
过添加[GM]至生成类[AC][AM][CM][AG][AR][GR]，
我们已经失去了所有 G 条件独立于 M 的情况；也就是说，
我们失去了条件独立$[G, R \otimes C, M | A]$、$[M \otimes G, R | A,$
$C]$和$[G \otimes C, M | A, R]$。

例 8.2.3　周末干预计划

周末干预计划（WIP）是俄亥俄州代顿市莱特州立大学
布恩绍夫特大学医学院中心的干预、治疗和成瘾研究的一部
分。WIP 是国家认定的为 95 个俄亥俄法庭提供服务的驾驶
员干预（教育、劝告和评估）计划。西戈尔目录包含了对 WIP
参与者进行的 152 个问题的调查。根据 3 599 名男性的数
据，表 8.3 在这个例子中提供了使用的 6 个因子。为了便于

标记,对应于因子的数值标签(见表 8.3)表示如下,即 1＝年龄,2＝婚姻状况,3＝儿童数,4＝教育程度,5＝第一次使用酒精/毒品的年龄和 6＝"你觉得自己有没有酗酒的问题?"。

表 8.3   西戈尔目录中的六个因子和它们的层级(基于 3 599 名男性的数据)

因 子	标 签	层 级
年龄	1	≤ 29, > 29
婚姻状况	2	未婚,其他
儿童数	3	≥1, 0
教育程度	4	≤高中,其他
第一次使用酒精/毒品的年龄	5	≤14 岁,>14 岁
你觉得自己有没有酗酒的问题?	6	是,否

注:见例 8.2.3。

资料来源:数据由俄亥俄州代顿市莱特州立大学布恩绍夫特医学院周末干预计划的主任菲莉丝·科尔(Phyllis Cole)友情提供。

使用从反向排除法,找到一个数据拟合很好的 LLM 有生成类[16][1345][1245][1234]。以下给出了关联图:

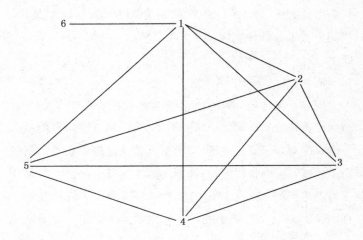

可分解性。由于在关联图上存在一个最大群〈12345〉，但是生成类中没有生成因子[12345]，所以这个 LLM 不是图形的。因此，这个模型是不可分解的。

下面是[16][1345][1245][1234]的多重图 M；最大生成树用黑体标出：

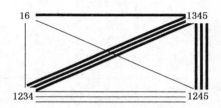

使用第 6 章第 5 节展示的计算方法，我们有

添加到顶点的 指数数量	添加到分支的 指数数量	差数	因子数	可分解？
14	7	**7**	**6**	否

正如从关联图中得出的结论一样，这个模型是不可分解的。

FCI 和解释。在该关联图中的唯一明显的分割出现在因子 6 和因子 2 至 5 的各种子集之间。因子 1 必须始终在分割集 S 中。其含义是在因子 1 的条件下，因子 6 独立于因子 2 至 5。也就是说，对于一个给定的年龄，参与者是否有酗酒的问题与其他的因素不相关（婚姻状况、孩子数量、教育程度或第一次酒精/毒品使用的年龄）。

在多重图中，有六个边割集，如下标记为 a、b、c、d、e 和 f：

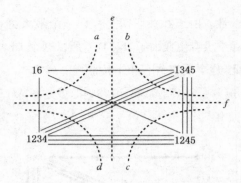

边割集和涉及的指数如下：

边割集	指　　数
S_a	1
S_b	1，3，4，5
S_c	1，2，4，5
S_d	1，2，3，4
S_e	1，2，3，4
S_f	1，3，4，5

最后两个边割集是前面边割集的副本，所以下面只展示前四个边割集的 M/S 多重图：

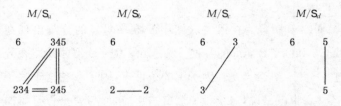

通过使用在第 6 章第 7 节中讨论的技巧，最后三个 FCI 以及所有其他条件独立都可以从上面的第一个 FCI$[6 \otimes 2，3，4，5|1]$ 中导出。与从关联图中得到的结论一致，在因子 1

的条件下,因子 6 独立于因子 2 至 5。结论:不论年龄大小,参与者是否有酗酒的问题与婚姻状况、孩子数量、教育程度或第一次酒精/毒品使用的年龄没有强烈的关联。

可压缩性:通过压缩其他因子,我们可以选择更深入地研究因子 1 和 6 之间的关联(参考第 5 章第 2 节和第 7 章第 3 节中对可压缩性条件的讨论)。

例 8.2.4 职业愿望

涉及职业愿望的一个经典的数据来自 Agresti(2002;www.stat.ufl.edu/~aa/cda/cda.html)。表 8.4 列出了变量和它们的层级。记法上,我们有 $G=$ 性别,$R=$ 居住地,$I=$ 智商,$S=$ 社会经济地位,以及 $O=$ 职业愿望。一个拟合数据良好的 LLM 具有生成类 $[GRO][GSO][RSO][IO][IS][RI]$。

表 8.4 职业愿望数据的变量和层级

因　子	标　签	层　　级
性别	G	男,女
居住地	R	农村,小城镇,大城市
智商	I	高,低
社会经济地位	S	高,低
职业愿望	O	高,低

注:见例 8.2.4。
资料来源:Agresti(2002:206。数据见 www.stat.ufl.edu/~aa/cda/cda.html)。

下面给出关联图:

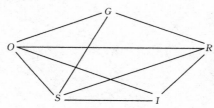

可分解性:值得注意的是,⟨*GORS*⟩是最大群,但[*GORS*]不是生成类的一个生成因子。因此,由于它不是图形的,这个 LLM 是不可分解的。

这个 LLM 的多重图 *M* 如下所示,最大生成树用黑体标出:

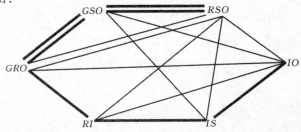

从下面表格中的计算可以得出结论,这个 LLM 是不可分解的。

添加到顶点的 指数数量	添加到分支的 指数数量	差数	因子数	可分解?
15	7	**8**	**5**	否

FCI 和解释。导致关联图不完整的唯一缺失边是那条连接 *G* 到 *I* 的边。因此,S 唯一可能的选择是 S={*O*, *R*, *S*}(见下图)。也就是说,控制居住地、社会经济地位和职业愿望的条件下,性别与智商无关。

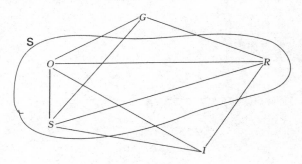

　　寻找多重图的条件独立性,就必须搜索所有的边割集 S 并形成 M/S。在大多数情况下,所得到的 M/S 多重图有单一的成分,从而导致没有条件独立关系。唯一的例外是下面给出的边割集(虚线):

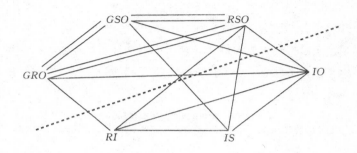

　　包含在这个边割集的指数是 O、R 和 S。消除这些指数产生的 M/S 多重图是

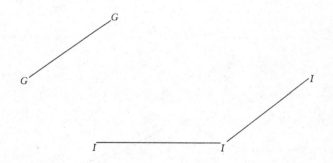

　　我们得出结论,$[G \otimes I | O, R, S]$,与来自关联图导出的结论一致。

　　可压缩性:可以压缩智商水平来分析性别和其他三个因素之间的关系,或者可以压缩性别来分析智商水平和其余三个因素之间的关系。对于压缩,不是恒定不变的一阶和高阶

交互 λ 项是 λ^{OR}、λ^{OS}、λ^{RS} 和 λ^{ORS}。

例 8.2.5 丹麦福利研究

1976 年的丹麦福利研究,收集的数据用来回答家庭中是否有冰箱的问题(见 Andersen, 1997:124—126)。其变量和它们的层级列于表 8.5。变量标记如下:A = 年龄,F = 家用冰箱,G = 性别,I = 收入和 S = 部门。当中一个拟合数据不错的 LLM,其生成类是 $[GASF][GIF][IS]$。在这里将使用多重图的方法,因为对于这种模型,多重图相对较小且容易操作。

表 8.5 丹麦福利研究的变量和层级

因 子	标 签	层 级
年 龄	A	$\leqslant 40$,> 40
家用冰箱	F	是,否
性 别	G	男,女
收 入	I	$< 60\ 000$ 丹麦克朗,$60\ 000$—$100\ 000$ 丹麦克朗,$> 100\ 000$ 丹麦克朗
部 门	S	私人,公共

注:见例 8.2.5。
资料来源:数据来自 Andersen(1997:125)。

多重图 M 见下,其中最大生成树为粗体:

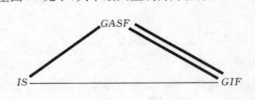

可分解性。这个模型是不可分解的:

添加到顶点的指数数量	添加到分支的指数数量	差数	因子数	可分解?
9	3	**6**	**5**	否

FCI 和解释。这个多重图的三个边割集如下所示：

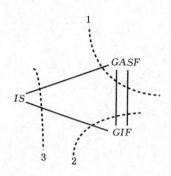

我们有 $\mathbf{S}_1 = \{F, G, S\}$、$\mathbf{S}_2 = \{F, G, I\}$ 和 $\mathbf{S}_3 = \{I, S\}$。多重图 $M/\mathbf{S}_i$，$i = 1, 2, 3$ 是

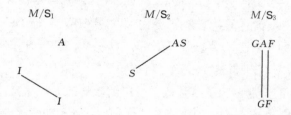

只有第一个多重图产生了一个条件独立关系：$[A \otimes I \mid F, G, S]$。也就是说，给定拥有家用冰箱、性别和部门，则年龄与收入相互独立。

可压缩性：可以压缩年龄来研究收入和三个变量家用冰箱、性别以及部门之间的关系。或者压缩收入来研究年龄和三个变量家用冰箱、性别以及部门之间的关系。不是恒定不变的一阶和高阶 λ 项是 λ^{FG}、λ^{FS}、λ^{GS} 和 λ^{FGS}。

例 8.2.6 丹麦福利研究的另一种模型

很好地拟合这些数据的另一种模型有生成类 $[AFS]$

$[FI][IS][GS][GI]$。这一次,将使用关联图:

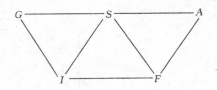

可分解性。这个 LLM 是不可分解的,因为尽管最大群 $\langle FIS \rangle$ 出现在图中,但是生成因子 $[FIS]$ 没有出现在生成类中。

FCI 和解释。通过选择分区 $S=\{F, I, S\}$,$T=\{G\}$ 和 $V=\{A\}$,我们得到条件独立关系 $[G \otimes A | F, I, S]$。也就是说,给定拥有家用冰箱、收入和部门,性别与年龄相互独立。通过分区的其他选择,我们可以得到四个其他的条件独立性的关系:$[G, I \otimes A | F, S]$;$[G \otimes A, F | I, S]$;$[A \otimes I | F, G, S]$ 和 $[F \otimes G | A, I, S]$。

可压缩性:为了尽量减少受压缩影响的 λ 项数量,人们可能会选择 $S=\{F, S\}$ 或 $S=\{I, S\}$。如果研究者感兴趣的是冰箱所有权与其他因素如何关联,那么应该选择 $S=\{I, S\}$,然后压缩性别来研究除了 I-S 关系之外的所有其他关系。

需要注意的是,最后两个例子的两个相互竞争的模型,$[GASF][GIF][IS]$ 和 $[AFS][FI][IS][GS][GI]$,可以用图直观地进行比较。

关联图如下所示(虚线边表示,为了产生第一个模型添加到第二个模型上的一阶交互项):

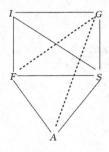

$[GASF][GIF][IS]$

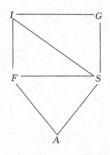

$[AFS][FI][IS][GS][GI]$

在右侧上方的关联图中加入 $\langle FG \rangle$ 和 $\langle AG \rangle$ 的边导致失去了 F 或 A 条件独立于 G 的任何关系。因此，例 8.2.6 中找到的五个条件独立 $[AFS][FI][IS][GS][GL]$ 减少为对于例 8.2.5 中 $[GASF][GIF][IS]$ 的一个单一的条件独立性关系，$[A \otimes I \mid F, G, S]$。

例 8.2.7　工作满意度调查

一个国家大型企业的调查用来确定工作满意度 (S) 如何取决于民族 (E)、性别 (G)、年龄 (A) 和区域位置 (R)（见 Fowlkes, Freeny & Landwehr, 1988）。变量和它们的层级列于表 8.6。一个拟合数据不错的模型有生成类 $[AGRS]$ $[AERS][EGR]$。

表 8.6　工作满意度调查的变量和层级

因　子	标　签	层　级
区域位置	R	东北部,中大西洋,南部,中西部,东北部,西南部,太平洋
民族	E	白人,其他
年龄	A	$< 35, 35\text{—}44, > 44$
性别	G	男,女
满意?	S	是,否

注:见例 8.2.7。
资料来源:Fowlkes et al.(1988)。数据见 www.stat.ufl.edu/∼aa/cda/cda.html。

多重图 M 和最大生成树如下所示：

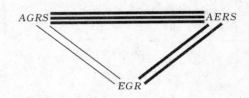

可分解性。确定可分解性，我们有

添加到顶点的 指数数量	添加到分支的 指数数量	差数	因子数	可分解？
11	5	**6**	**5**	否

这个 LLM 不可分解。

FCI 和解释。这里有三个边割集，如下：

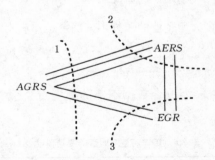

我们有 $S_1 = \{A, G, R, S\}$，$S_2 = \{A, E, R, S\}$ 和 $S_3 = \{E, G, R\}$。

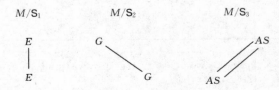

基于多重图 M/S_i，$i=1$，2 和 3，这里没有条件独立性。这个结果被完整的关联图证实。因此，这些数据没有独立或条件独立性关系。

可压缩性。压缩任何变量都可能改变结果边际表中 LLM 的所有 λ 项。

例 8.2.8 对于外包决策的营销理念

战略决策对外包组织的职能（即对第三方的合同责任）是市场营销战略的重要组成部分。这个研究比较和对比了首席执行官在公司的外包配置上的营销理念。莱特州立大学统计咨询中心研究了尤因马里恩考夫曼基金会 1998 年创新实践调查中的 384 家企业样本（Cox & Camp，1998）。其变量和层级列于表 8.7。在记法上，我们有 O＝总外包强度，G＝地理范围，C＝控制，T＝任期和 F＝战略重点。

表 8.7 "外包决策"数据的变量和层级

因　子	标　签	层　级
总外包强度	O	无，1—2，3＋
地理范围	G	全国，本地
控制	C	经理，合伙人，控股人
任期	T	新手，创始人
战略重点	F	防御，推广

注：见例 8.2.8。
资料来源：数据由华盛顿州立大学市场系博士生蒙特·谢弗（Monte Shaffer）友情提供。

一个反向模型排除选择过程产生出的 LLM 有生成类 $[CTF][CFG][GO]$。这个模型的多重图和最大生成树如下：

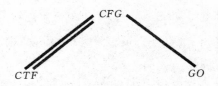

可分解性。这个 LLM 可以分解：

添加到顶点的 指数数量	添加到分支的 指数数量	差数	因子数	可分解？
8	3	**5**	**5**	是

FCI 和解释。通过选择 S 为最大生成树分支，可以直接得出条件独立。我们有 $S_1 = \{C, F\}$ 和 $S_2 = \{G\}$。

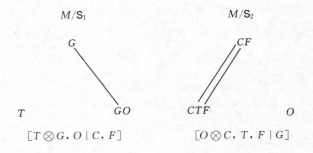

我们可以得出如下结论：

1. 无论首席执行官的控制水平和战略重点怎样，任期与地理范围和总外包强度无关。

2. 无论地理范围怎样，总外包强度与首席执行官的控制、任期和战略重点无关。

可压缩性。根据研究者的兴趣，在其他可能性中，研究人员可能压缩 G 和 O 的层级以顺利研究 C-T-F、C-T 和 T-F 在三向边际表中的关系，或压缩 C、F 和 T 以顺利研究 O-G 在双向边际表中的关系。

第 3 节 | **最后要点**

我们返回到第 1 章末尾给出的启发性范例,十向列联表的 LLM 有生成类[67][013][125][178][1347][1457][1479]。我们如何以可靠的方式去检索这个模型隐含的所有信息(包括方法的和实践的)？即使是最有经验的 LLM 使用者,如果单靠审视生成类或者 LLM,可能也会觉得难以完成这一目标。利用这本书描述的图形程序,可以可靠、有条不紊地完成这一目标,并且无需使用计算机软件、繁重的计算或复杂的推导,如下所示:

● 在例 4.3.8 中,可以看出,这个 LLM 的关联图相当复杂,使得信息检索比较麻烦,所以我们依靠多重图的方法。

● 例 6.3.8 中给出的多重图也相当复杂,但最大生成树很容易识别(例 6.4.8)。

● 用简单的数值计算可以确定该模型是可分解的(例 6.5.8),因此它既是图形的(即,它可以在无需解释高阶相互作用的情况下仅仅根据独立性和条件独立性来解释)又是递归的(该模型可被定向,从而具有因果解释)。另外,FCI 完全基于最大生成树的分支,使其比较容易找到。

● 联合分布可以直接并明确地从最大生成树的顶点和分支中获得(例 6.6.8)。

● FCI 直接从最大生成树获得(例 6.7.8)。在 FCI 中,所有的条件独立都可以用第 6 章第 7 节中给出的程序生成。

● 所有可能的压缩条件现在都可以从条件独立性中确定。例如,在例 6.7.8 中的第一个 FCI[0,3 ⊗ 2,5 ⊗ 6 ⊗ 8 ⊗ 9|1,4,7],因子 0 和 3 独立于因子 2、5、6、8 和 9 的条件是因子 1、4 和 7。因此,尽管因子 1、4 和 7 之间的关联可能会改变,人们可能会压缩因子 2、5、6、8 和 9 以顺利分析因子 0 和 3 之间或{0,3}和{1,4,7}之间的关联。

这本书中呈现的两个图形方法——关联图和多重图——代表着统计学和数学之间的联姻。尤其是,图论原理应用于统计模型 LLM,以分析一组分类变量中的结构关联。图论在 LLM 的这种应用是基于数学学科领域如工程、计算机科学、线性代数图,当然还有图论的推导结果(见 Khamis & McKee,1997;McKee & Khamis,1996)。

在提及数据挖掘方法时,Agresti(2002:631)预测未来更多的工作将涉及"有大量变量的庞大数据集"。随着研究人员可以获得越来越大的数据集,分析和解释大型而复杂 LLM 的需求也开始增长。此书为有这一需求的研究者提供了两个替代性的图形程序,以便用浅显、有组织和综合性的方式来分析和解释模型。

这本书中给出的第一个论点,"在确定任何事之前总有必要先对其进行测量",这是所有科学家都会认同的。但或许更重要的是,在得出结论之前,有必要准确并可靠地解释这些测量。使用这本书中的程序可以更好地理解分类变量的关系,从而对相关数据得出更准确、全面以及明确的结论。相应地,这会带来更好的科学知识,这也是方法学研究的最终目标。

数据集

天主教支持女性担任圣职的调查
资料来源：www.thearda.com/Archive/Files/Codebooks/GALLUP99_CB.asp
例 3.3.1
表 3.3，3.4

丹麦福利研究
资料来源：Anderson(1997:124—126)
例 8.2.5，8.2.6
表 8.5

代顿高中酒精/药物使用调查，莱特州立大学布恩绍夫特医学院和联合健康
　　服务中心合作
资料来源：莱特州立大学统计咨询中心拉塞尔·福尔克博士。
例 2.2.1，2.4.1，4.3.7，5.3.1，6.3.7，6.4.7，6.5.7，6.6.7，6.7.7，7.1.7，
　　7.2.7，8.2.2
表 2.1，2.2，4.2，5.6

拒绝药物治疗研究
资料来源：莱特州立大学统计咨询中心保罗·罗登豪斯博士。
例 5.1.1
表 5.1，5.2

佛罗里达州杀人案件
资料来源：Radelet & Pierce(1991)
例 5.1.2
表 5.3，5.4

社会研究所，哥本哈根调查
资料来源：Edwards & Kreiner(1983)
例 4.3.6，5.2.2，6.3.6，6.4.6，6.5.6，6.6.6，6.7.6，7.1.6，7.2.6
表 4.1

工作满意度调查
资料来源：Fowlkes et al.(1988)
例 8.2.7
表 8.6

外包决策的市场营销理念
资料来源：莱特州立大学统计咨询中心蒙特·谢弗先生(未公布数据)。
例 8.2.8
表 8.7

职业期望
资料来源：Agresti(2002；www.stat.ufl.edu/~aa/cda/cda.html)
例 8.2.4
表 8.4

针对学生留校的 PASS 项目
资料来源：莱特州立大学统计咨询中心安妮塔·杰克逊博士。
例 8.2.1
表 8.2

周末干预计划
资料来源：莱特州立大学统计咨询中心菲莉丝·科尔女士。
例 8.2.3
表 8.3

参考文献

Agresti, A. (1984). *Analysis of ordinal categorical data.* New York: Wiley.

Agresti, A. (2002). *Categorical data analysis* (2nd ed.). New York: Wiley-Interscience.

Andersen, A. H. (1974). Multidimensional contingency tables. *Scandinavian Journal of Statistics, 1,* 115–127.

Andersen, E. B. (1997). *Introduction to the statistical analysis of categorical data.* New York: Springer.

Asmussen, S., & Edwards, D. (1983). Collapsibility and response variables in contingency tables. *Biometrika, 70,* 567–578.

Bartlett, M. S. (1935). Contingency table interactions. *Journal of the Royal Statistical Society, Suppl. 2,* 248–252.

Benedetti, J. K., & Brown, M. B. (1978). Strategies for the selection of loglinear models. *Biometrics, 34,* 680–686.

Birch, M. W. (1963). Maximum likelihood in three-way contingency tables. *Journal of the Royal Statistical Society, Series B, 25,* 220–233.

Birch, M. W. (1965). The detection of partial association II: The general case. *Journal of the Royal Statistical Society, Series B, 27,* 111–124.

Bishop, Y. M. M. (1971). Effects of collapsing multidimensional contingency tables. *Biometrics, 27,* 545–562.

Bishop, Y. M. M., Fienberg, S. E., & Holland, P. W. (1975). *Discrete multivariate analysis.* Cambridge: MIT Press.

Blair, P. A., & Peyton, B. W. (1993). An introduction to chordal graphs and clique trees. In J. A. George, J. R. Gilbert, & J. W. H. Liu (Eds.), *Graph theory and sparse matrix computations* (pp. 1–10). IMA Volumes in Mathematics and Its Applications, No. 56. Berlin, Germany: Springer.

Brown, M. B. (1976). Screening effects in multidimensional contingency tables. *Applied Statistics, 25,* 37–46.

Christensen, R. (1990). *Log-linear models.* New York: Springer.

Cochran, W. G. (1954). Some methods for strengthening the common χ^2 tests. *Biometrics, 10,* 417–451.

Cox, L. W., & Camp, S. M. (1998). *Survey of innovative practices: 1999 executive report* (Tech. Rep.). Kansas City, MO: Kauffman Center for Entrepreneurial Leadership.

Darroch, J. N., Lauritzen, S. L., & Speed, T. P. (1980). Markov fields and log-linear interaction models for contingency tables. *Annals of Statistics, 8,* 522–539.

Edwards, D. (1995). *Introduction to graphical modelling.* New York: Springer.

Edwards, D., & Kreiner, S. (1983). The analysis of contingency tables by graphical methods. *Biometrika, 70,* 553–565.

Fienberg, S. E. (1979). The use of chi-squared statistics for categorical data problems. *Journal of the Royal Statistical Society, Series B, 41,* 54–64.

Fienberg, S. E. (1981). *The analysis of cross-classified categorical data* (2nd ed.). Cambridge: MIT Press.

Fisher, R. A. (1925). *Statistical methods for research workers.* Edinburgh, UK: Oliver & Boyd.

Fleiss, J., Levin, B., & Paik, M. C. (2003). *Statistical methods for rates and proportions* (3rd ed.). Hoboken, NJ: Wiley.

Fowlkes, E. B., Freeny, A. E., & Landwehr, J. (1988). Evaluating logistic models for large contingency tables. *Journal of the American Statistical Association, 83,* 611–622.

Gibbons, A. (1985). *Algorithmic graph theory.* Cambridge, UK: Cambridge University Press.

Golumbic, M. C. (1980). *Algorithmic graph theory and perfect graphs.* San Diego, CA: Academic Press.

Good, I. J., & Mittal, Y. (1987). The amalgamation and geometry of two-by-two contingency tables. *Annals of Statistics, 15,* 694–711.

Goodman, L. A. (1970). The multivariate analysis of qualitative data: Interaction among multiple classifications. *Journal of the American Statistical Association, 65,* 226–256.

Goodman, L. A. (1971a). The analysis of multidimensional contingency tables: Stepwise procedures and direct estimation methods for building models for multiple classifications. *Technometrics, 13,* 33–61.

Goodman, L. A. (1971b). Partitioning of chi-square, analysis of marginal contingency tables, and estimation of expected frequencies in multidimensional contingency tables. *Journal of the American Statistical Association, 66,* 339–344.

Goodman, L. A. (1973). The analysis of contingency tables when some variables are posterior to others: A modified path analysis approach. *Biometrika, 60,* 179–192.

Goodman, L. A. (2007). Statistical magic and/or statistical serendipity: An age of progress in the analysis of categorical data. *Annual Review of Sociology, 33,* 1–19.

Goodman, L. A., & Kruskal, W. H. (1979). *Measures of association for cross classifications.* New York: Springer.

Grizzle, J. E., Starmer, C. F., & Koch, G. G. (1969). Analysis of categorical data by linear models. *Biometrics, 25,* 489–504.

Haberman, S. J. (1974). *The analysis of frequency data* (IMS Monographs). Chicago: University of Chicago Press.

Khamis, H. J. (1983). Log-linear model analysis of the semi-symmetric intraclass contingency table. *Communications in Statistics Series A, 12,* 2723–2752.

Khamis, H. J. (1996). Application of the multigraph representation of hierarchical log-linear models. In A. von Eye & C. C. Clogg (Eds.), *Categorical variables in developmental research: Methods of analysis* (pp. 215–232). New York: Academic Press.

Khamis, H. J. (2004). Measures of association. In P. Armitage & T. Colton (Eds.), *Encyclopedia of biostatistics* (pp. 236–241). New York: Wiley.

Khamis, H. J. (2005). Multigraph modeling. In B. Everitt & D. Howell (Eds.), *Encyclopedia of statistics in behavioral science* (pp. 1294–1296). New York: Wiley.

Khamis, H. J., & McKee, T. A. (1997). Chordal graph models of contingency tables. *Computers and Mathematics With Applications, 34*, 89–97.

Knoke, D., & Burke, P. B. (1980). *Log-linear models.* Sage University Papers Series on Quantitative Applications in the Social Sciences, No. 07-020. Beverly Hills, CA: Sage.

Koehler, K. J. (1986). Goodness-of-fit tests for loglinear models in sparse contingency tables. *Journal of the American Statistical Association, 81*, 483–493.

Kruskal, J. B. (1956). On the shortest spanning sub-tree and the travelling salesman problem. *Proceedings of the American Mathematical Society, 7*, 48–50.

Lauritzen, S. L. (1996). *Graphical models.* Oxford, UK: Clarendon Press.

Lawal, B. (2003). Categorical data analysis with SAS and SPSS applications. Mahwah, NJ: Lawrence Erlbaum.

Lawal, H. B., & Upton, G. J. G. (1984). On the use of χ^2 as a test of independence in contingency tables with small cell expectations. *Australian Journal of Statistics, 26*, 75–85.

Lee, S. K. (1977). On the asymptotic variance of $\hat{u}$-terms in loglinear models of multidimensional contingency tables. *Journal of the American Statistical Association, 72*, 412–419.

McKee, T. A., & Khamis, H. J. (1996). Multigraph representations of hierarchical loglinear models. *Journal of Statistical Planning and Inference, 53*, 63–74.

Pearl, J. (1988). *Probabilistic reasoning in intelligent systems: Networks of plausible inference.* San Mateo, CA: Morgan Kaufman.

Radelet, M. L., & Pierce, G. L. (1991). Choosing those who will die: Race and the death penalty in Florida. *Florida Law Review, 43*, 1–34.

Rodenhauser, P., Schwenkner, C., & Khamis, H. (1987). Factors related to drug treatment refusal in a forensic hospital. *Hospital and Community Psychiatry, 38*, 631–637.

Roscoe, J. T., & Byars, J. A. (1971). Sample size restraints commonly imposed on the use of the chi-square statistic. *Journal of the American Statistical Association, 66*, 755–759.

Rudas, T. (1998). *Odds ratios in the analysis of contingency tables.* Sage University Papers Series on Quantitative Applications in the Social Sciences, No. 07-119. Thousand Oaks, CA: Sage.

Savant, M. vos. (1996, April 28). One company's hiring experience: Did it discriminate without knowing it? *Parade Magazine*, 6–7.

Simpson, E. H. (1951). The interpretation of interaction in contingency tables. *Journal of the Royal Statistical Society, Series B, 13*, 238–241.

Stewart, R. D., Paris, P. M., Pelton, G. H., & Garretson, D. (1984). Effect of varied training techniques on field endotracheal intubation success rates. *Annals of Emergency Medicine, 13*, 1032–1036.

Tarjan, R. E., & Yannakakis, M. (1984). Simple linear-time algorithms to test chordality of graphs, test acyclicity of hypergraphs, and selectively reduce acyclic hypergraphs. *SIAM Journal on Computing, 13,* 566–579.

Wagner, C. H. (1982). Simpson's paradox in real life. *The American Statistician, 36,* 46–48.

Wermuth, N. (1980). Linear recursive equations, covariance selection, and path analysis. *Journal of the American Statistical Association, 75,* 963–972.

Wermuth, N., & Lauritzen, S. L. (1983). Graphical and recursive models for contingency tables. *Biometrika, 70,* 537–552.

Whittaker, J. (1990). *Graphical models in applied multivariate statistics.* New York: Wiley.

Wickens, T. D. (1989). *Multiway contingency tables analysis for the social sciences.* Hillsdale, NJ: Lawrence Erlbaum.

Wilson, R. J. (1985). *Introduction to graph theory* (3rd ed.). Harlow, UK: Longman.

译名对照表

additive model	加法模型
adjacent	毗邻
analysis of variance(ANOVA)	方差分析
association diagram	关联线图
association graph	关联图
Bayesian approach	贝叶斯法
bootstrap procedure	靴攀法
chordal graph	弦图
collapsibility	可压缩性
combinatorial identity	组合恒等式
complete contingency table	完整列联表
conditional association	条件关联
conditional independence	条件性独立
conditional test	条件检验
cycle	环
decomposability	可分解性
decomposable model	可分解模型
degree of freedom(df)	自由度
dependence model	相关模型
direct model	直接模型
edge cutset	边割集
edge	边
first-order interaction graph	一阶交互图
fundamental conditional independencies(FCIs)	基本条件独立
generator class	生成类
generator multigraph	生成多重图
generator	生成因子
graph theory	图论
hierarchical LLMs	层级对数线性模型
hierarchical model	等级模型
hierarchy principle	层级原则

higher-order relatives	高阶亲属
homogeneous association	同质关联
incomplete contingency table	不完整列联表
joint probability	联合概率
joint independence	联合独立
likelihood ratio chi-squared statistics	似然比卡方统计
loglinear models(LLMs)	对数线性模型
lower-order relatives	低阶亲属
main effect	主效应
marginal association	边际关联
marginal probability	边际概率
marginal table	边际表格
Markov type model	马尔科夫模型
maxclique	最大群
maximum-cardinality search	最大关联基数检索
minimal sufficient configuration	最小充分构形
multiplicative model	复合模型/乘法模型
multiset	多重集
mutual independence	相互独立
nondecomposable model	不可分解模型
odds ratio	比值比
parametric collapsibility	参数压缩性
partial association	部分关联
partial table	部分表
path analysis model	路径分析模型
Pearson chi-squared statistics	皮尔逊卡方统计
perfect vertex elimination schemes	完全顶点消元法
quasi-independence	准独立
quasi-loglinear model	准对数线性模型
sampling zero	抽样零
Simpson's paradox	辛普森悖论
spanning tree	生成树

stepwise procedure	分段法
stratified sampling	分层抽样
structural association	结构关联
structural zero	结构零
two- and multi-way contingency table	二向与多向列联表
unconditional independence	无条件独立
vetice	顶点
zero-sum constraint	零和限定

图书在版编目(CIP)数据

对数线性模型的关联图和多重图/(美)哈里·J.哈
米斯著;王彦蓉译.—上海:格致出版社:上海人民
出版社,2016.12
(格致方法·定量研究系列)
ISBN 978-7-5432-2674-6

Ⅰ.①对… Ⅱ.①哈… ②王… Ⅲ.①对数-线性模
型-研究 Ⅳ.①0122.6②0212

中国版本图书馆 CIP 数据核字(2016)第 248972 号

责任编辑　张苗凤

格致方法·定量研究系列

对数线性模型的关联图和多重图

[美]哈里·J.哈米斯 著

王彦蓉 译　曾东林 校

出　版	世纪出版股份有限公司　格致出版社 世纪出版集团　上海人民出版社 (200001　上海福建中路193号　www.ewen.co)	印　刷	浙江临安曙光印务有限公司
		开　本	920×1168　1/32
		印　张	5.75
	编辑部热线　021-63914988 市场部热线　021-63914081 www.hibooks.cn	字　数	114,000
		版　次	2016 年 12 月第 1 版
发　行	上海世纪出版股份有限公司发行中心	印　次	2016 年 12 月第 1 次印刷

ISBN 978-7-5432-2674-6/C·159　　　　　　　定价:30.00 元

格致方法·定量研究系列